高校建筑学专业规划推荐教材
高等学校建筑学专业"十三五"规划教材

THE PRINCIPLE AND PRACTICE OF

建筑策划原理与实务

ARCHITECTURAL PLANNING

曹亮功
曹雨佳　著

U0213984

中国建筑工业出版社

图书在版编目（CIP）数据

建筑策划原理与实务/曹亮功，曹雨佳著. —北京：中国建筑
工业出版社，2018.8
高等学校建筑学专业"十三五"规划教材
高校建筑学专业规划推荐教材
ISBN 978-7-112-22391-6

Ⅰ.①建… Ⅱ.①曹…②曹… Ⅲ.①建筑工程－策划－高等学校－
教材 Ⅳ.①TU72

中国版本图书馆CIP数据核字（2018）第140581号

责任编辑：高延伟 陈 桦 杨 琪
责任校对：芦欣甜

本书有配套课件，可发送邮件至wh-gJ@cabp.com.cn索取。

高等学校建筑学专业"十三五"规划教材
高校建筑学专业规划推荐教材
建筑策划原理与实务
曹亮功 曹雨佳 著
*
中国建筑工业出版社出版、发行（北京海淀三里河路9号）
各地新华书店、建筑书店经销
北京雅盈中佳图文设计公司制版
北京富生印刷厂印刷
*
开本：787×1092毫米 1/16 印张：15¾ 字数：317千字
2018年9月第一版 2018年9月第一次印刷
定价：39.00元（赠课件）
ISBN 978-7-112-22391-6
        （32219）

—自序—

在国民经济高速发展的时期，建设投资活动异常活跃，建筑业的增长也是高速度的，甚至达到让人来不及思考的程度，在取得巨大建设成就的同时自然也出现了诸多令人遗憾的事，歪着脖子、扭着身子的形态至上的建筑的出现就不足为奇了，此后人们又开始呼唤建筑回归本源。

建筑本源的实质是什么？我们应该从建筑的起源去探求，维特鲁威在《建筑十书》里说：远古时代，为了生活，为了安全，"有些人便开始用树叶铺盖屋顶，有些人在山麓挖掘洞穴，还有一些人用泥和枝条仿照燕窝建造自己的躲避处所；后来，看到别人的搭棚，按照自己的想法添加了新的东西，就建造出形式改善的棚屋"。这大概是最早讲述建筑本源的论述了。维特鲁威在论述建筑起源的同时，细微而具体地讲述了社会经济与建筑的关系，他举例说：马其顿建筑师狄诺克拉底带着自己的得意之作阿托斯山城市求见亚历山大时，亚历山大看到城市方案突出了亚历山大殿下的威名，在高兴的同时却问道："在食粮方面附近有没有足以维持那座城市的耕地？"当了解到除非渡海运来，否则不可能维持时，于是他说："……恐怕在那个地方建起村落的人们，他们的判断会受到责备的吧！如果婴儿没有乳母的哺乳，就不能摄取营养，也不能成长到相当的年龄，同样，城邦没有耕地及流入城内的耕地收获物就不能强大，没有丰富的食粮人口也就不能密集，民众供应不充足也是不能维持的。因此，我评价这一设计是优良的，但是断言这个地址是不适当的。"他又举一例说："虽然国王出生于米拉萨，但是了解到哈利卡尔那索斯乃是天然的要冲、适当的商埠、有用的港口，因而亲自在那里建造了宫殿。"他还举了一例说："因为罗马庞大，人口稠密，所以要准备无数的房屋。然而在罗马不可能使如此众多的人口居住在一层里，所以不得不想到借助于建筑物的高度的情况……，这样就在城内建造高达若干层的建筑，增加了空间，罗马市民才会安乐融融地得到美好的住宅。"几个例子讲的一个道理：建筑及城市的产生是社会经济和人类生活需求的产物，没有经济基础的城市或建筑是不可能有生命力的。建筑因社会经济发展而产生，因社会生活需要而产生，建筑的经济属性是第一位的，是最基本的属性。

当然建筑还具有许多其他属性，如文化属性、艺术属性、科技属性等，在建筑与城市迅猛发展的时期，由于经济高速发展掩盖了建筑的经济矛盾，而使人们忽视了对它经济属性的重视，建筑的文化属性占据了建筑设计的主要视野，或者说仅是建筑文化属性中的艺术性占据了人们的视角，甚至出现了以奇、特、怪来获取人们的视角的现象。

维特鲁威在《建筑十书》中讲的马其顿建筑师的例子，说建筑师狄诺克拉底为迎合国王亚历山大，"把阿托斯山造成男人的形象，在他的左手设计出围起广阔城墙的城市，在他的右手设计出承受这座山的一切河水而从这里注入海中的钵形地带"，亚历山大国王清醒地否定了建筑师的方案。后来亚历山大国王在埃及"注意到自然防护的港口，优良的商埠，埃及全境谷物丰饶的田野，广阔的尼罗河的重大用途时，他决心按自己的名字建设一座亚历山大城"，建筑师狄诺克拉底也在其中施展了他的才华。

两千年前的这个故事读来仍使我们深受教育，建设的决策者冷静地认识到建筑师的能力而不受他迎合权势的忽悠，按照城市建筑的经济规律理性地做出了正确的决策，并发挥了建筑师的技能，创造了永载史册的辉煌。两千年后的今天，当然有许多正确决策的例子，但也随时可以听到不少被种种忽悠而做出盲目决策的实例，由此而产生出奇奇怪怪的建筑。可见奇与怪现象的出现既有建筑师的"贡献"，更有领导者的"决策"。一段时期，外国建筑师将中国看成是自己异想天开方案的试验场，但如果没有投资人去赏识它，又如何能实现？呼唤回归建筑本源，学习建筑客观规律知识不单纯是建筑师群体的事，也应当是建设决策者的事，还可以是全社会应当关注的事。

经济属性是建筑的最基本属性，因为只有社会经济的发展需要才会提出建设任务，才会有需求、有投资，有建设计划，建筑师也才能施展才华；建筑还有很多方面的属性，建筑师的能力也会涉及许多方面的知识、技能和创意才能。多年来所见所闻，很多建筑师在各方面有着天赋和才华，而却在经济学方面缺乏认识、缺乏知识，从而使设计作品脱离了社会经济的轨道，建设项目要经过许多审查环节、许多专家反复校正才能走上合理的轨道。如果我们的建筑师都具有经济头脑、综合的建筑素质，可以使许多建设项目更顺利、更科学地实施。

根据建筑的经济属性规律，建筑应当有不同的投入产出的经济方式及盈利模式，而建筑设计、建筑策划也自然有与之相适应的规律，所以这本书提出了按投资方式划分的建筑分类。这可能是与以往诸多建筑分类法不同的一种概念，但可能对建筑策划研究和建筑设计的针对性深入都会是有益的另一角度的思维方法。

建筑活动是一种公开和公共性的行为，无论是什么性质什么功能的建筑，都会对社会、对城市、对区域、对别人产生影响，因而建筑活动应得到社会和周边多数人的认同，方可展开。各国都建立各自的公开评判和公示的事前程序，我国虽然还不够完善，但从制度上也基本保证了社会公开认可的相应措施。本书研究了建筑行为的社会性，提出了与建筑活动相关联的社会公共利益维护、客体利益（又细分为终极客体、过程客体、环境客体）维护以及建筑投资者本体利益的保障等规律性问题，使投资人和建筑师能共同认识建筑公众性的重要，并从建筑活动一启动就给予足够重视，自觉主动地协调各方利益，保证建筑活动的健康、顺利。

建筑的文化属性是建筑的重要特性，它包含着建筑的艺术性，但不应仅认为是艺术性。建筑的文化属性主要是指建筑表达使用者生活习惯、生活方式的特性。社会学认为文化是生活方式的结晶，而生活方式即是人类在适应自然、享受自然、防御自然、保护自然的长期生产生活实践中形成的共识习惯。自然不仅影响着人类的习惯和生活方式，甚至会影响人类本身。

维特鲁威在《建筑十书》中详尽地讲述了自然气候对南、北方人体的影响和人生活习惯的影响。建筑对气候的适应是人类智慧的反映，也是人类适应自然的策略的表达，是建筑地域性的体现，是人类生活方式和生活习惯在自然环境下的表现，因而也是建筑文化属性主要承载的表达。

建筑的文化属性在哲学的范畴应当是建筑对时空的适宜反映，即在建筑诞生的地域和时代表现它应有的时空背景。一般情况下，建筑的地域性和建筑的时代感总会反映这两个方面，但往往有人片面地理解地域性是传统的形态，而忽视了它的现今时代。传统的建筑形态是那个年代的当时技术、当时材料、当时生活的产物，而现今的建筑应当是现今技术、现今材料、现今生活的产物，这才是对历史精神的继承，才是对城市发展的贡献。

只表达对城市环境（空间）的协调，而忽视对城市时代（时间）的反映是不完整的建筑文化观；只表达对时代的反映，而忽视对地域环境的尊重同样也是不完整的建筑文化观。不要片面理解地域环境等同于传统形态，因为时代总是日新月异的。

建筑的艺术性是建筑文化属性中的特别内容，建筑应当是美的，应当具有艺术感染力，但建筑不是艺术品，所以建筑的艺术性不是它的唯一，也不是最核心的价值。建筑的美是建筑的空间、结构体系及其相关系统的逻辑性生成的结果，其实世上一切动物、植物的形态美感也都是它们生物体结构的逻辑性表达，舞蹈的美是人体肢体的艺术性表达，自然界的美也都离不开大自然自身的规律。舞蹈脱离了肢体逻辑，山水违背了自然规律，生物扭曲了它的内在肌体，就会变得奇怪，而不再是美；同样，建筑的形态违背了内在空间、结构体系和其技术系统的逻辑性，也会变得奇奇怪怪，而失去合理的美。现今全社会自上而下取得了共识——不要再搞奇奇怪怪的建筑了，会越来越自觉地回归到建筑的本源。

建筑师应当具有丰富的知识、娴熟的技能、创意的能力和艺术的素养，在建筑创作中解决经济、技术、功能、空间等若干问题的过程中形成的建筑形态始终会表现出其艺术性，是建筑师艺术素养下意识的表露，不一定是刻意塑造，当然在作品近乎完成时，自然存在艺术、技术、经济、功能等的综合整理过程。艺术性体现在建筑创作的全过程，体现在创作的每时每刻。

　　维特鲁威在《建筑十书》中没有专门讲述建筑的艺术性创作，但始终在强调"均衡"和"比例"，主张把建筑技术和建筑艺术结合起来，强调建筑师培养艺术素养，因为艺术素养是建筑师在职业生涯中创造优秀作品的基础。

　　一个民族的复兴，一个民族建筑的繁华应当建立在民族文化自信的基础上。中国的建筑成就和建筑遗产为世界所公认，所创造的建筑与城池均展现了人类适应自然、享受自然、保护自然、融入自然的智慧和天人合一的理念，成为全人类共同的文化财富的重要组成。中国建筑重实践、重建造，轻设计理论、轻总结，即使伟大的故宫也只留下样式雷的图样，而没有任何关于设计的记载和理论总结，甚至不知道任何一栋建筑的设计师，这些阻碍了中国建筑对世界建筑的影响力，以致许多世界建筑史书上记载中国建筑均仅寥寥几页。

　　中国应当重视从自己的建筑实践中进行理论研究，从中提炼出适合中国国情，用得上、能推广的经验，在借鉴国外先进研究成果的同时重视中国国情的适应性。引进是为了利用，不是把我国的建设程序和实施纳入别国成熟的经验做法中，而应当吸取其精华，使其变为适于这片土壤的肥料。

　　建筑设计要创新，建筑策划要创意，没有创新创意就没有生命力。

　　但是，创新创意不是仅局限在形态上。建筑的内涵很广泛，涉及功能、空间、构建、物理性能、环境适应等许多范畴，在解决这么多问题方面都有着创意创新的空间，在诸多创新课题的基础上，形态是他们逻辑性的外在表达，这样的形态自然是最具生命力的。

　　坚持建筑本源观，坚持文化自信，坚持创新应当是我们做好建筑策划应有的工作态度。

曹光功

Preface

我国自 1994 年实行注册建筑师制度，吸取世界各国注册建筑师制度的经验，尤其借鉴了美国注册建筑师制度经验，将专业教育评估、注册考试、继续教育和注册执业管理四个环节纳入一体，构成完整而逻辑性的制度体系。在专业教育和注册考试的科目设置上，由于我国当时市场经济体系刚刚兴起，与市场经济密切相关的建筑策划课程的缺失，使建筑策划与实践这一科目不得不作适当调整，即将此门科目改为设计前期与场地设计合并，题量减少一大半，作为过渡。1999 年笔者继任全国高校建筑学专业教育评估委员会副主任委员时，前辈师长告诫，将来条件具备时要将这一缺憾补上。随着在建筑策划领域的深入实践和学习，愈加感到责任和压力。

英国建筑策划先行者弗兰克·索尔兹伯里是位执业建筑师，以其切身的策划体会写了一本他称为"从业主的观点出发看待问题"的专著《建筑的策划》。美国建筑策划先驱威廉·M·培尼亚是 CRS 建筑师事务所创立者，1969 年根据他二十多年建筑策划的经验写了一本面向业主的专著《建筑项目策划指导手册——问题探查》。日本铃木成文的《建筑计划》也是建立在大量实践案例基础上的。建筑策划是一门与社会实践密切相关的科目，与实践的积累有很大关联。本书突出建筑策划的实践性，征询多位高校教师和执业建筑师的意见，定名为《建筑策划原理与实务》。

美国市场经济最为发达，现代建筑策划开展最早也最为繁荣，经验最为丰富；英国与其起步几乎同时，但因既有建筑改造多，又有传统成熟的程序，步骤方法则与美国不尽相同，有自己的体系系统；日本借鉴西方经验，创造适合资源短缺的国情的建筑计划体系。由此可见，在同一时代，相同社会制度下，建筑策划的系统体系随国情之别而各具特色。所以，在借鉴国外先进经验的同时，建立适合我国国情，符合我国市场需求的建筑策划体系非常重要。

自 20 世纪 90 年代初，我国市场经济兴旺发展促进了基本建设领域投资主体的巨大变革，单一的全民资本的投资主体逐步转变为建设项目投资主体多元化，由此带来了建设项目前期决策从过去的"项目建议书–可行性研究"的单一形式转变为"项目建议书–可行性研究"与"建筑策划"并行的形式，建筑策划由此产生、发展、繁荣起来。随着建筑策划实践的积累，建筑策划的专著也逐渐丰富。主要有庄惟敏教授的《建筑策划导论》(2000 年)和《建筑策划与设计》(2017 年)，邹广天教授的《建筑计划学》(2010 年)，涂慧君教授的《建筑策划学》(2016 年)，曹亮功建筑师的《建筑策划》(2017 年)。本教材用书以《建筑策划》为基础改写，得到中国建筑工业出版社教材分社的鼓励和支持，得到全国建筑学学科专业指导委员会的全力支持，得到若干高校授课教师们的支持和帮助，使这本书的出版更加顺利。

　　本书在内容上对建筑策划有多方面拓展，除增加我国古代建筑策划案例解读外，提出了按建设投资角度分类法，并由此对不同类型建筑提出了相应的建筑策划要点，使建筑策划更具针对性，与投资市场更贴近。

　　为了让读者全面了解设计前期工作，更好地理解建筑策划产生的背景和它的作用，本书除讲述建筑策划外，适当简略地讲述了项目建议书、项目选址和可行性研究等设计前期工作。除讲述建筑策划概念原理和实例外，根据投资业主的建议和实践的需要，本书增设了一级土地开发的建筑策划。适应了政府投资由管委会模式向企业模式转变的需要，也适应了民资企业由二级土地开发向一级土地开发延伸的需要。

　　为适应教学需要，本书采用讨论式方法讲述问题，对目前建筑策划若干问题看法上的多元予以尊重，并引导读者思考讨论，获得自己的认识。

　　设想本书能作为本科生和研究生共用教材，本科不讲授"第 8 章　一级土地开发的建筑策划"，第 6 章也不深入展开，只讲分类类型，不讲各类型的细目。在本书改写时，对策划实例做了压缩和更新，鼓励讲授教师用自己的实践案例取代书中案例，更鼓励读者用自己熟悉的案例说明和思考问题。

—Contents—

—目录—

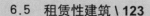

第7章 建筑策划实务案例

第8章 一级土地开发的前期策划

第1章

中国古代建筑策划

1.1 我国古代的建筑策划实践

建筑策划是伴随着人类文明的产生发展而发育成长的，并自始至终为人类的生产生活服务。随着人类社会发展进入商品经济时代，现代建筑策划应运而生，并逐步发展成熟，成为市场经济时代建设投资决策的技术工作环节。

中国古代建设中所展现的人类智慧，使人类的居住与大自然和谐共处，体现了古代建筑策划的智慧。四川都江堰、承德避暑山庄和皖南宏村都是优秀策划例证，有官方也有民间，有北方也有江南，有国资也有民资，都同样表现出对自然的尊重、对资源的充分利用、对建设成本的控制，创造了方便舒适的生活环境。

1.1.1 四川平原的都江堰——灌溉方式之完美，世界各地无与伦比

成都都江堰市城西，岷江上，秦昭王末年（公元前 256~前 251 年），蜀郡太守李冰父子在前人鳖灵开凿的基础上组织修建的大型水利工程，由分水鱼嘴、飞沙堰、宝瓶口等部分组成，两千多年来一直发挥着防洪灌溉的作用，使成都平原成为水旱从人、沃野千里的"天府之国"。至今灌区已覆盖 30 余县市，近千万亩面积，是全世界迄今年代最久、唯一保留、仍一直使用、以无坝引水为特征的宏大水利工程。是中国古代劳动人民勤劳、智慧、勇敢、气魄的结晶。

历史上，成都平原是一个水旱灾害十分严重的地方，李白在《蜀道难》中描述的"蚕丛及鱼凫，开国何茫然"以及毛泽东在《念奴娇·昆仑》中提及的"人或成鱼鳖"的惨状就是那时的真实写照，是那时岷江和恶劣自然条件造成的。岷江是长江上游的大支流，流经四川盆地西部的多雨地带，发源于四川和甘肃交界的岷山南麓，分东源西源两系，分别出自弓杠岭、郎架岭，在松潘境内漳腊的无坝汇合，向南流经四川省的松潘、都江堰、乐山，在宜宾汇入长江，全长 793km，流域面积 133500km²，坡度平均 4.83‰，年均总水量 150 亿 m³，全河落差 3560m。

岷江是长江上游水量最大的支流，分上、中、下三段。都江堰以上为上游，落差大、水流急，都江堰至乐山段为中游，岷江 90 余条支流的汇集在雨季向中下游形成迅猛湍急的水势，岷江中段相对于成都平原地势是地道的地上悬江，距成都市 50km，而落差达 273m，古代每当岷江

泛滥，成都平原就是一片汪洋，而一遇旱灾，又是赤地千里，颗粒不生。岷江水患长期祸害蜀郡及西川，鲸吞良田，侵扰民生。

经历战国时期的纷乱，饱受战乱之苦的人民渴望安定生活；而经过商鞅变法改革的秦国一时明君贤相辈出，国势日盛。认识到巴蜀在统一中国大业中的重要性，称"得蜀则得楚，楚亡则天下并矣"，受秦昭王委任的蜀郡太守李冰知天文、识地理，上任后即下定根治岷江水患的决心，发展川西农业，造福成都平原，为秦统一中国创造了经济基础。

每年雨季到来，岷江及支流水势骤涨，往往泛滥成灾，而少雨时又成旱灾。在都江堰修筑之前二、三百年，古蜀国杜宇王以开明为相，在岷江出山口开筑一人工河，引水入沱江，以除水灾。

李冰在前人基础上，在岷江出山口引水至平原的灌县，建成了都江堰（图1-1）。

整个工程是将岷江分流两条，一条水引入至成都平原，分洪灌田，变害为利。主体工程包括鱼嘴分水堤、飞沙堰溢洪道和宝瓶口进水口。

李冰父子邀集了许多有治水经验的农民，对地形水势做了实地勘察，决定凿穿玉垒山引水。当时还没有发明火药，则以火烧石，使岩石爆裂，终于凿出宽20m、高40m、长80m的山口，取名"宝瓶口"开凿玉垒山分离的石堆叫"离堆"。打通玉垒山使岷江水能畅流向东流入旱区，灌溉良田，而减少向西的水量，不再泛滥。这是治水的关键一步。

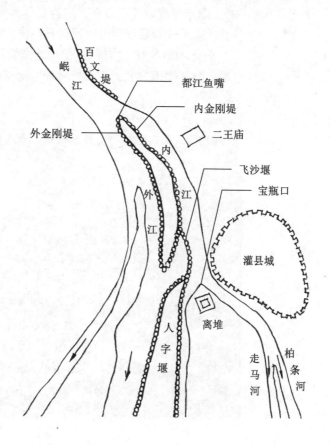

图1-1 都江堰平面示意图

由于东侧地势较高，虽凿通玉垒山，但江水难以流入宝瓶口，李冰又决定在岷江中修筑分水堰，将江水分为两支，西支顺岷江而下，东支被迫流入宝瓶口。分水堰前端形同鱼头，成为"鱼嘴"。鱼嘴将上游奔流的江水一分为二；西边称外江，沿岷江河顺流而下；东边称内江，流入宝瓶口。

外江宽而浅，内江窄而深。枯水季水位较低，则60%的江水流入河床低的内江，保证成都平原的用水；洪水季水位较高，大部分水从江面较宽的外江排走，这就是自动分配水量的"四六分水"。

为了观测和控制内江水位，雕刻了三个石桩人像，放置水中，以"水竭不至足，盛不没肩"来确定水位。还凿制石马置于江心，以此作为每年最小水量时淘滩的标准。

从公元前256年起，经过八年时间的努力，终于建成了这一充满智慧的历史性工程。

都江堰不仅建造值得称颂，历代官府确立的岁修制度和管理也应载入史册。汉灵帝时设置"都水椽"和"都水长"负责维修堰首工程；蜀汉时，诸葛亮设堰官，并"征丁千二百人主护之"，以后各朝以堰首所在地的县令为主营，到宋代，制定了施行至今的岁修制度。

古代竹笼结构的堰体不够稳固，内江河道排沙机制仍不能避免淤积，需定期整修，以使其有效运行。宋朝时确定每年冬春断流修整，称为"穿淘"。淘滩深度以挖到设在滩底的石马为准，堰体高度以对岸岩壁上的水标为准。明代以后使用卧铁代替石马作为淘滩深度的标志。

公元1862~1874年间，德国地理学家李希霍芬（Richthofen）来都江堰，盛赞灌溉方式之完美世界各地无与伦比（图1-2）。

图1-2 都江堰
（来源：百度图片）

1.1.2 承德避暑山庄和外八庙——古代建筑策划的优秀例证

清康熙四十年（公元 1701 年）冬，康熙率王公大臣、护卫将士去遵化州孝陵祭扫归来，路过热河泉，发现此处四周怪峰林立、雄奇险峻，脚下地势平缓坦荡，不远处一泓清泉，水雾蒸腾，萦绕其上。心中不禁暗暗称许。此后 7 个月间，热河壮丽景致一直萦绕在他的胸际。1702 年中，康熙带太后、诸子及王公大臣再次进驻热河，并踏勘了山川形势。武烈河旁绿柳成荫，河水清澈见底，绿荫如毡，麋鹿漫步，四周翠峦叠嶂，异石林立，兼有南秀北雄之势。

康熙于此年闰六月十四日下令：兴建热河行宫（后改名避暑山庄），并亲自参与规划设计和建造策划。关于兴建山庄的目的，主要是："备边防，合内外之心，成巩固之业"（乾隆《避暑山庄·百韵诗有序》）。16世纪末，沙俄跨过乌拉尔山脉入侵我国黑龙江、蒙古和西北地区，1685 年、1686 年清军两度出击并取得胜利，1689 年双方签订《中俄尼布楚条约》。但沙俄并未罢休，而是把魔爪伸向蒙古部落，明目张胆地进行策反活动，蒙古八旗之一的准格尔部首领葛尔丹与沙俄勾结，大举南犯，1690 年康熙亲领北征，粉碎了叛军的进攻。1691 年康熙又在多伦诺尔赐宴会盟，增进了各部间的团结，加强了朝廷对蒙古各部的管理。康熙深知在塞外兴建行宫和巩固边陲对巩固中央朝廷地位的重要性，避暑山庄只是他过去兴建两间房、桦榆沟、喀喇屯等行宫的继续和总结，是实现他"备边防，合内外之心，成巩固之业"雄图大略的保障。

避暑山庄占地 564hm^2（合 8460 亩），其中山区占 80%、平原占12%、湖区占 8%（图 1-3）。康熙在《芝径云集》有诗"自然天成地就势，不待人力假虚设"，这准确地表达了他的策划思想和山庄的特点。在兴建之初，康熙提出"因地之势，度土之宜"、"度高平远近之差，开自然峰岚之势"的宗旨，无论理水开湖还是营林筑路，大多依坡就势、略加修饰而尽少暴露人工痕迹，充分利用地势和自然景观，亭台楼阁也都巧妙地借助于地形地貌；即使正宫建筑也是见本色、朴素淡雅，一派北方民居姿态。

康熙、乾隆曾六下江南，搜集、吸收江南园林形制风格，博采众家之长，聚天下胜景于一园（图 1-4～图 1-7）。芝径云堤，颇具杭州苏堤之神韵；沧浪屿，极富苏州沧浪亭之风采；金山，不失镇江金山寺之气势；烟雨楼，使人忆起嘉兴南湖烟雨楼的倩影……这一切又绝非抄袭，是视山庄环境为度，求其神似又有创新。它们的色调、尺度及景物组合，与山庄总体布局及格调并行不悖。

山庄内很多景物就取于古人名句，有源于《易经》"天一生水"的天一楼，源于《孟子》的"沧浪屿"，源于《易经》"日月丽于天"的丽正门，源于《易经》"君子知微、知彰、知柔、知刚"的"四知书屋"等，可见康熙在建造策划中研究文献和潜心策划的力度。

为巩固政权统治，清政府利用宗教手段与各少数民族交好。承德外八庙正是这一政策的体现，也充满了建造策划的谋略。乾隆在普乐寺碑

图 1-3 避暑山庄·外八庙
（1703–1780）
（根据避暑山庄官方网站资料绘制）

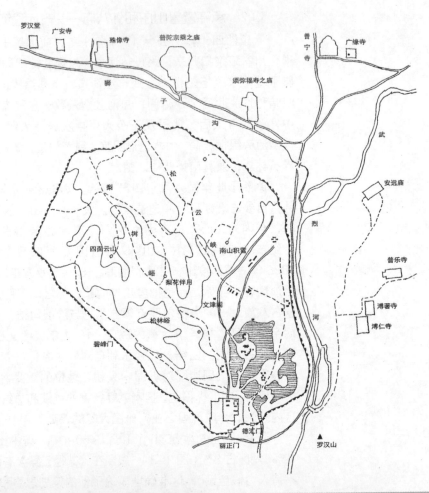

图 1-4 避暑山庄烟雨楼
（摘自《南巡盛典》）

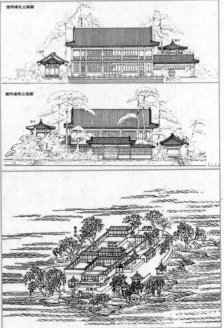

图 1-5　避暑山庄金山
（摘自《南巡盛典》）

图 1-6　避暑山庄芝径去堤

文上写道："因其教，不易其俗"，这是外八庙建造的指导方针。这些庙宇有多种版本，建筑风格各具特色，差异很大，所以总体布局上相距较大，各庙选择相宜的地段，各得其所。罗汉营与浙江海宁的安国寺相仿，殊像寺与山西五台山的殊像寺雷同，普陀寺乘之庙酷似拉萨的布达拉宫，须弥福寿之庙形同日喀则的扎布伦布寺，普宁寺仿照西藏贡嘎县桑鸢寺

图 1-7　避暑山庄文园狮
子林

而建，安远庙形源于新疆伊犁固尔扎庙，而普乐寺的坛城可与天坛祈年
殿媲美。但所有庙宇均非仿建，而是依所在地势环境而求似，将汉民族
和其他民族建筑风格融为一体。

关于工程的建造费用，除中央政府专款外，康熙下令贪官污吏"出
资助值"，修建庄内园亭。周长近 10km 的宫墙就是江西总督、大贪官噶
礼出资修建的。少数民族的头领均享有山庄外八庙的使用权，但无须出资。

从选址、确定建设目的，到调查研究、地势踏勘和利用、确定建造宗旨、
筹集建设资金等各个方面都经过了周密的策划。可以说，承德避暑山庄
及外八庙是我国古代建筑策划的杰作，是中国的文化瑰宝。

1.1.3　皖南黔县古宏村——古代建筑策划的典范

宏村位于安徽省黄山市黔县城北 11km 处的山脚，村庄北侧背靠古
木参天的雷岗山，南面前临双溪碧流，像一头水牛横卧于青山绿水之间
（图 1-8）。

500 多年前，黔县人就按照仿生学原理，按牛的生理结构策划并建
造了自己居住的村落。村口是溪水的上游，溪旁一棵古杨约有 20m 高，
树冠像一把大伞；南侧一棵大白果树，又如利剑刺空，长鞭趋云。两棵
树造型一刚一柔，作为村口的形象标志，两棵树的树冠重叠笼罩着好几
亩地的浓荫，这正是全村的"共享空间"，村民们在这里交流信息，品茗
闲聊。村西的石碣水口处，水珠溅玉，吉阳河旁绿荫摇曳，阡陌纵横，
一派安详的富村景象，这里是宏村八景之一——"石碣紫波"。

河上横一石坝并用石砌水圳把一泓碧水引入村庄。洪水季丰水漫石
坝溢走而不入村庄，亏水季石坝蓄水引入村庄，犹如牛肠一般蜿蜒、穿行，
沿途无数踏石，人们浣衣、灌园都极为方便。"牛肠"两旁都为居民的庭

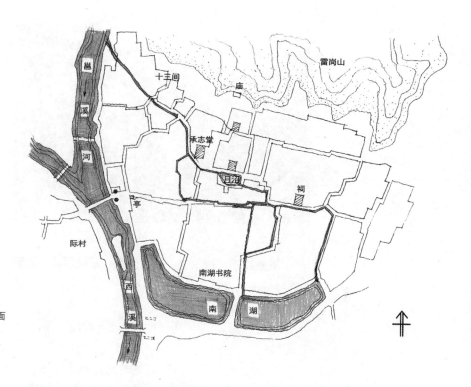

图1-8 安徽黔县宏村平面
示意
（根据安徽黔县宏村宣传资
料绘制）

院，石雕漏窗矮墙和曲径通幽的水榭长廊，小巧玲珑的盆景假山，常年
不腐的流水，滋润着它们浓香馥郁。

山上的洪水被截走了，河水被定量地引进了村庄，村内的水系在水量、
水质方面得到了有效的控制。

溪水穿村流入"牛胃"的月沼，又经"牛肠"流入绚丽多姿的"牛肚"
南湖（图1-9～图1-11）。月沼早年是一眼活泉水，四季泉涌不息，清
醇甘甜。先民取泉造塘，引邕溪河水入村进塘，依泉水增加水量，提高水质，
让月沼成为全村的饮用水源。

月沼周围青石铺地，石砌栏杆，水面如镜，蓝天白云，高墙侧映水中，
一幅江南民居美景。周边地面向外侧倾斜，地面雨水向外排放，不入月沼，
水边无树草，也不会有植物、腐草败叶的污染。

图1-9 宏村牛肠（左）
图1-10 宏村南湖（右）

图 1–11　宏村月沼

南湖处于月沼下游，湖面开阔，湖畔垂荫，绿荫伏地，湖面群鱼嬉闹，"楼台倒映入池塘"。著名的南湖书院坐落湖旁，这是村庄的中心，是村民洗衣的水面。

月沼，南湖，一小一大，一明一阴，一刚一柔，一静一嬉，相衬越加美妙！

月沼流出至南湖水系的另一支流经各家各户的院前院后，村民们可以就近用水，它们具有与月沼相当的水质。这些水滋润着各家各户的院落、宅院和花木瓜果。南湖流出的水汇集各支流的渠水流向村庄的南口汇至西溪的下游。

宏村的水系除去上游、中游、下游空间上不同功能的划分外，村民们还自觉遵守着早晨取饮水、上午洗米菜、下午洗衣服的约定，在时间上也有不同功能用水的划分，十分科学合理。

宏村村后的山脚设有截流山洪的排水沟，将山洪引至村外，它不会干扰村中水系的水量涨落。

宏村的建筑是典型的皖南民居。四水归堂的屋面设计是"肥水不流外人田"的雨水收集系统，它不仅是雨水利用的概念，也是保证村落的公共水系水量控制不受雨水干扰的好办法。秀美的马头墙是防火墙的外在形象，是古代木结构建筑连建的防火分区的间隔措施，构造简单，措施有效，形态美观。多进院落式的平面及实墙小窗的外墙形态，是在平房、两层楼房条件下最节地的平面形式，有利于自然采光、自然通风，体形系数好而利于节能，利于安全防御。在一个整齐方整的外壳内可创造出内部开敞、流动而方便的户内空间。

日本东京大学一位教授看到古人将牛的生态系统如此聪明地化入村庄布局，又能创造出如此节地、节水、节能的村落，房舍、道路、水系及环境如此科学合理，赞不绝口。世界各地的研究者也争相考察研究。

明永乐年间，古人提出"遍阅山川，评审脉络"的考察研究地形地势和利用资源的原则，继而又提出了巧工雕琢的建造原则，创造出如此辉煌的成果，提出至今仍很先进的策划思想，是何等伟大！

1.2 古代建筑策划对我们的启示

我国是世界上唯一的文明古国，五千年历史延续证明了中华文明的生命力，中华文明最重要的两大特征是包容和与时俱进的能力，使外族文明融入而不是抵御，随时代进步而改变自己，方不会被时代所抛弃，才会形成具有强大生命力的中华文明。

在这一伟大文明体系中涌现出的古代建筑策划也同样具有深远的影响。上述三个案例至少有三个共同点对现今建筑策划有重要的启示价值。

第一，三个案例在初始都有非常明确的建设目标。而且这个目标在策划、实施过程中无论遇到怎样的困难也不曾改变、不曾放弃，这是建筑策划成功的关键点。

都江堰工程的目标就是要消岷江水患、灌溉川中良田；承德避暑山庄和外八庙工程就是要建设中央政权机构与各族领袖共商国是的暑期办公度假的园林式基地，为"备边防，合内外之心，成巩固之业"的大目标服务；宏村就是要建设一个安居乐业、无灾、安全的村落。从中可以看出：目标明确，而不是含混不清、举棋不定；目标自始至终不动摇。

第二，三个案例都十分重视基地的踏勘研究。在策划之初对基地调研分析非常深入细微，对于与项目基地相关联的地域也做到清晰地了解，对基地及周边环境的优劣势、资源价值和对目标实现的制约点都分析得十分清楚，才能在策划中采取相应的策略予以化解。

都江堰工程对岷江上下游历年水情了解分析十分透彻，对基地的地势了如指掌，对岷江的河道走向、河床变化十分清楚，对玉垒山的山体位置、构造明了，才可能做出如此准确的策划而付于实施；承德避暑山庄和外八庙工程，花了近一年时间对 $564hm^2$ 山庄基地及外八庙基地做了多次踏勘，反复踱步实测，才会提出"因地之势，度土之宜""度高平远近之差，开自然峰岚之势"的建设宗旨；宏村在策划之初对基地周边的环境做了详细的踏勘，基地西侧的邕溪河水量、水质的汛期、北侧雷岗山的水土流失及雨季山洪走势、基地内泉眼、地质及稳定性等都做过详细的调查，方才做出如此优而美的与村落相伴的水系。

基地的踏勘研究使策划工作能发挥基地的优势价值，又能有针对性地克服和改造劣势，使建造的工程能达到既定目标的要求。

第三，三个案例在策划过程中的关键环节都有充满智慧的策略，从而保证这样的工程数百数千年的辉煌。

都江堰的鱼嘴分流、宝瓶口的二次分流、弧形内江水流及飞沙堰的组合都是极具智慧的策略，加上对运行期岁修制度的设计，使这一古代水利工程成为世界无与伦比的完美灌溉工程，两千余年仍光辉夺目；避暑山庄及外八庙在总体布局中"自然天成地就势，不待人力假虚设"的策划思想，在单体建筑借鉴各地名筑而不仿造，"因其教，不易其俗"的指导方针，使山庄和外八庙成为历史精品，三百余年不失辉煌；宏村抓住"居住依水"的根基，创造了空间时间两划分的科学用水、科学理水方案，保证了村落用水的安全，创造了"四水归堂"的错时理水方案，使水依人的需要而畅流，成为古代"海绵"村落的典范。

三个案例的这三个共同点正是现代建筑策划中工作环节的三个重要节点，说明建筑策划是一项有自身规律的工作，是客观事物发展过程中必然显现的客观要点，抓住并认真对待它们是做好建筑策划的关键。认真研究中国古代策划案例对理解现代建筑策划会有很大帮助。

1.3　中华文明对古代建筑策划的影响

中华文明是世界上至今唯一保存并欣欣向荣的人类文明成果。中华文明之所以有如此强大的生命力在于它的两大特征：包容性和与时俱进的能力。

先秦时期的活跃思想和战乱使人们渴望社会统一与安定，经过秦统一全国至两汉，逐步进入封建社会制度，民意渴望和平，统治者要确立安定，"和为贵"和"中庸"哲学成为中华文明的核心价值。对于大中华地域出现的民族间矛盾、人与自然的矛盾、人心理的冲突性情绪分别出现和确立了儒家、道家和释家学说，统治者也竭力推崇和利用，助力形成了它们在中华文明中的地位，通过社会和时代的筛选，去糟粕留精华构成中华文明可贵的和谐理念。

中华文明的创新性在长期的封建社会体制下被压抑了，只有在个别时期被学术界局部冲破。在改朝换代的时段，新兴统治者为了巩固统治而采用尊重中华文明传统的做法也说明了中华文明的包容性和与时俱进的能力。没有与时俱进也会像其他传统文明一样被历史淘汰，不会有几千年至今的辉煌，但又因为中华文明的创新性欠佳而造成封建社会的封闭和过长，缺乏革新能力而长期遭受屈辱。与时俱进是被动的进步，创新是主动的进步，中华传统文明本质上并不缺乏创新革新力，但被漫长的封建社会所压抑。直到五四运动时外来先进思想的输入才从根本上改变。

中华文明的和谐理念充分表现在儒家、道家、释家的哲学思想中。儒家讲人的行为与社会的关系，道家讲人的行为与自然的关系，释家讲人的行为与心灵的关系，所以在古代的建筑策划案例中十分鲜明地看到讲究与社会、与自然和谐相处的策略，并表现出安详沉稳的心态。避暑山庄和外八庙将最好的资源热河泉及武烈河划在山庄之外，让整个社会共享而获得与社会和大自然的和谐；宏村在策划村内水系的时候，始终维护了邕溪河、西溪水系的自然形态，丝毫不改，以维护其他村民共享利益；在与自然和谐相处方面考虑得更加细微和周全，无论是都江堰还是宏村，对雨洪的自然规律的分析都十分详尽，人工从于自然，在道家思想中表现出融入自然、享用自然、保护自然的"道法自然"的宗旨，在我们所知道的古代建筑策划案例中也有不少改造自然的手段，如荀子倡导的"天有其时、地有其财、人有其治"思想，但无一不是依照自然界的规律而建造的，像都江堰的劈玉垒山分岷江水分流四川平原就是实例，它依据了江水水量水位及行进的规律，体现了人与自然的和谐。

中华文明在形成的整个过程中都认识到事物发展和变化，因而也不乏创新的功能。古代哲学代表作《周易大传》中心内容就是变易，肯定变化的普遍性，"在天成象，在地成形，变化见矣。"《易经·系辞 上》中"日新之谓德，生生之谓易"，意思是创造是本，生生是不断创造新事物才会新旧交替。"天地革而四时成"、"顺乎天而应乎人"，肯定和赞扬变易。

1.4　本章小结

建筑策划起源于人类的建筑活动和人类文明。中国古代的建筑策划表达了人类与大自然和谐相处，在尊重自然、保护自然、利用自然、防御自然的同时，改造客观条件满足人类更美好愿望的创造能力。

本章以都江堰、承德避暑山庄和外八庙、黟县宏村三个古代建筑策划案例讲述建筑策划的核心内容和创意本质，说明建筑策划明确的目标原则及务实的科学态度，对我们正确领悟建筑策划的基本思想有很重要的启发。

思考题

1. 除书中三个古代建筑策划案例外，你还能说出哪个古代建筑策划案例？能否说出它的主要内容？

2. 书中三个古代建筑策划各自最突出的策划点是什么？能否发掘出来？

第2章

设计前期与建筑策划概念

2.1 建设项目的科学程序

2.1.1 建设项目科学程序的形成

经济基础决定上层建筑。任何体制、程序和体系方法的产生都是当时社会经济发展的结果。可行性研究为核心的基本建设科学程序也源于二战后全世界大规模经济建设的需要，建筑策划作为这一科学程序背景下的决策期"可行性研究"核心环节的补充而稍后出现。二战后世界各国都进入了经济建设高潮，恢复城市和生活成了最重要也最核心的事，政治上重新形成的两大阵营的竞赛也以建设和科技的竞争为外在表现，建设项目推进的科学程序的建立也是在竞争、交流中逐步完善成形。1966年成立联合国工业发展组织（UNIDO），确定在多边技术援助项目中采用可行性研究为核心的建设投资决策程序。它所指定的《项目可行性研究报告编制手册》《项目评估指南》《BOT指南》等规范，是大多数国家和地区政府和国际企业界、金融界进行投融资活动的评估准则和依据。

1）美国

可行性研究起源于20世纪30年代的美国，初次用于对田纳西流域的开发和综合利用的规划，取得明显的效益。二战之后的大规模经济建设，让人们意识到庞大资金投入的重大建设工程在投资前期决策中，开展先期研究的重要性。

从1930年代到1960年代，美国经过世界各工业化国家的实践应用和完善，总结提高形成了比较完整的理论体系、工作程序、分析论证的科学方法，成为集自然科学、经济科学、管理科学为一体的综合性建设决策程序。1966年成立联合国工业发展组织（UNIDO），确立在多边技术援助项目中采用可行性研究为中心的建设投资决策程序。

美国的建设项目采用可行性研究为核心的投资决策程序非常普遍，凡是涉及国有资本投资的公共事业项目，如交通、航空、水利、国防等建设工程都会采用这样的决策体系。美国同时又是一个自由经济国家，市场经济发育得早并且非常发达，在建设领域除国有资本（纳税人所共有）投资的公共事业建设外，私人资本投资建设的项目也非常多，这些项目的投资决策是出资人自己的事，会采用另一体系的方法完成前期研究和投资决策，这就是建筑策划。

2）日本

日本也是二战后建筑业繁荣的国家，建设量大、建筑业发展快。日本也是资本主义社会制度，建设投资主体也是多元的，既有国有资本投资的公共事业建设，也有民间合作资本和私人资本投资的私用建筑，但日本对建设项目的立项审批等程序更加严格，不仅有投资主体对资金运用和投资效益的考量，在资源占用方面更加严格。因为国土资源有限，1945年时日本人口约9000万，美国人口是14174万；日本国土面积377748平方公里，美国国土面积9372614平方公里，日本人口是美国人口的64%，却仅拥有美国国土的4%的国土资源，因而日本政府加强了对建设项目的控制，采用了建筑企划和建筑计划结合的项目前期程序和方法，与美国的可行性研究及建筑策划在建设项目投资前期研究和决策中起到的作用是相似的。

邹广天教授在《建筑计划学》一书中介绍了日本学者长塚和郎将建筑计划分为广义建筑计划和狭义建筑计划；前者包括设备计划、一般计划、结构计划、意匠计划、调度计划五个方面；后者仅指其中的一般计划——建筑计划。广义建筑计划多用于国有资本投资的公共事业建筑项目、工业项目及大型项目，狭义建筑计划多用于一般性建筑项目，而一般性项目多为民间投资。我国20世纪80年代改革开放初期，利用日本政府贷款项目都是日本有关咨询机构编制的项目建筑计划书，在中国上报立项时改称可行性研究报告。可见日本的广义建筑计划与可行性研究报告作用相同，狭义建筑计划即为建筑策划。邹广天教授在《建筑计划学》书中也确定狭义建筑计划即为建筑策划。

3）苏联

二战后的苏联曾是当时世界上经济建设最活跃的国家之一，在20世纪30~50年代取得了经济建设的辉煌成果。苏联及以苏联为首的社会主义阵营的东欧国家都实行社会主义经济体系，所有制为单一的全民所有制，国家的建设项目投资主体都是国有资本。从航空、铁路、工厂到学校、剧场、住宅……，无一不是国有资本投资建设，因而一切建设项目都会经过"项目建议书——可行性研究——初步设计"等环节及相应的审批环节，才能获得有关管理部门的审批，完成项目投资决策，再进入实施环节。

苏联没有私人资本，没有私人或其他非国有资本投资建设项目，所以在苏联和东欧国家都没有产生类似"建筑策划"的程序性技术环节。

4）中国

新中国成立后因一穷二白缺乏建设资金和建设经验，从第一个五年计划起全面学习苏联经验，在建设领域执行以可行性研究为核心的基本建设程序，同样没有也不需要建筑策划。随着改革开放尤其是南巡讲话倡导市场经济之后，我国社会经济发生翻天覆地的变化，经济制度不再是单一的全民所有制而涌现出各色各样的所有制类型，建设投资主体也随之变为多元状态，唯一的可行性研究为核心的投资决策体系无法适应多元投资主体的需求，建筑策划由此逐步萌发并繁荣起来（图2-1）。

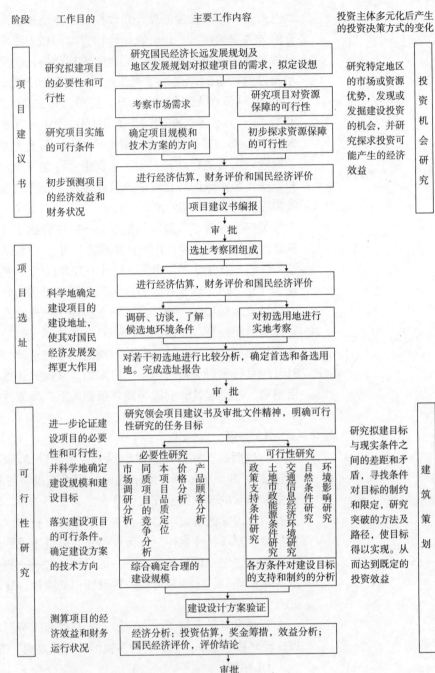

图 2-1　建设项目投资决策
程序

2.1.2　建设项目的投资决策程序

建设项目应社会经济发展的需求而产生，也因客观条件的允许和建设投资能力的允许而能够实施。对这种需求的必要性和条件的可能性的审视与判断就是建设投资的决策。

长期建设运行经验建立起建设项目的科学程序，它分为决策期、建设期和运行维护期（其中决策期又分为项目建议书、项目选址和可行性研究及与其相应的评审环节）三者共同构成了建设项目投资决策的科学体系。

随着市场经济的发育和成熟，建设投资主体从单一的全民或国有资本转向了多元资本形式，也同时带来了建设投资决策科学体系的变化，建筑策划在市场经济发育过程中逐步发展而完善起来，适应了多元化建设投资的需求。

建筑策划在自身发展过程中，适应投资人决策的需要，逐渐形成自己的规律和特点。它由投资机会研究和建筑策划内容组成；它要妥善地权衡城市公共利益、客体利益和投资者本体利益的关系；通过实况调查发现并寻查客观条件对建设目标的制约，寻找策划的着力点，并创意研究化解的方法，保障建设目标的实现。将建筑策划的创意研究落实在验证方案之中，成为可实施的有现实意义的策划成果，成为建设投资决策的技术文件。

1）基本建设工作的特性

基本建设投资与其他投资一样，投资生产一种产品并投入市场，满足人们生产和生活的需求。但基本建设投资又具有其突出的个性和特殊性，即：

（1）基本建设投资的产品一般情况下是单体生产，即便是采用标准图的建筑物也会因位置不同而造成不同基础、不同市政接口等变化，它们仅相似而非批量复制；

（2）产品的建造和使用场所具有特定性，不可随意改变；

（3）产品实体庞大，所需人力资源、物力资源量大，建造周期长，涉及面宽；

（4）建造过程中牵涉面广，影响因素多，内外配合环节多，协调工作复杂。

因为这些，必须在实施建造前有一个计划。

基本建设投资额巨大，它建成后产生的效益也巨大，并会影响到一个地区、一个城市乃至国家的经济发展。巨额耗费和巨大效益促使人们慎重行事，事前要认真研究在技术、经济、社会各方面的可行程度。

基本建设投资的同时还在消耗着大量的自然资源，如土地、水、森林、能源等，而且在建成以后还要长期占用，甚至会造成永久的影响，所以应在实施前对有关生态方面的影响作出评估、评价，确定是否能够承受。

基本建设形成的产品，其使用寿命很长，有时会为数代人服务，其服务的人口数也很巨大，影响甚广，关乎成千上万人的感受乃至安全。因而它在实施之前的深入研究、评估直至决策就愈发显得重要。

基本建设工作的特性，决定了基本建设需要有一个完善而科学的工作程序。

2）基本建设工作的程序

基本建设的工作程序包含建筑产品的全寿命期，整个完整生命期，可分为决策期、建设期和运行维护期（图2-2）。

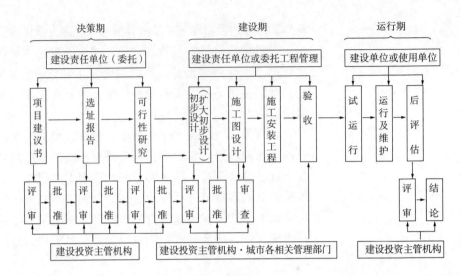

图 2-2 基本建设的科学
程序

决策期，主要是决策，是基本建设前期工作。包含投资机会研究、项目建议书（立项报告）、项目建议书的审查批准、可行性研究（含选址报告）、可行性研究报告的审查批准。

反复审查批准的过程就是投资决策的过程。项目建议书的编制和可行性研究报告的编制是委托有资格的权威技术咨询机构组织、有丰富经验的经济学家、各专业工程技术专家、企业管理和工程管理专家及财务人员密切合作完成。项目建议书和可行性研究报告的评审，是由项目建设主管机构委托有资格的机构或自己组织聘请各建设相关部门专业技术人员及各相关技术领域的有丰富经验的技术专家对报告文件进行综合审查和评价，对报告文件中的项目必要性、建设规模、建设地点、建设内容、功能定位、工艺方案、社会意义、环境影响、安全性能、建设标准、投资规模、投资效益、风险分析、投资来源、建设周期及预见的存在问题和回避措施等一一审查、评估，并将汇总提交给决策机构批准。

整个过程汇集了各相关管理机构、投资主体、金融支持机构、相关技术部门的许多行家、专家从各个角度审视项目，得到综合全面的评价结果，应当相信结论的科学性和权威性。

根据批准的可行性研究报告编制的指导项目初步设计的任务书应该认定是有科学基础的，是设计工作的指导文件，一般情况下不宜随意更改。

建设期，主要是项目建设实施阶段。包括工程设计、施工、安装、职工培训、试运行至运行使用。

这个阶段的工作重点是控制进度、控制质量、控制投资。在建设期已开始了巨大的资金和资源的投入，而不会产生效益，随着工程进展的深入，投入越来越大，若存在通货膨胀的经济形势，则增加额外的涨价费用支出就会引起效益风险。所以，进度控制、质量控制与投资控制是密切相关的，三项控制不可偏废，均应严格落到实处。

运行维护期，在全寿命期内应达到预期的经济效益和社会效益，也是对决策期决策的检验。

随着科学技术的不断进步、管理理念的更新、管理创新成果的出现，在运行维护期应适时开展技术革新、管理创新，使经济效益超越可研的预测指标，使工程尽早达到设计能力，创造更好的经济效益，尽早实现成本回收和高回报，并积累新的经验，运用在以后的建设项目中。

2.2 以可行性研究为核心的前期决策

2.2.1 建设项目决策期的工作环节

在建设项目全寿命期的三个阶段中，决策期首当其冲，极为重要；决策期的主要工作环节是项目建设编制和可行性研究。可行性研究是在建设项目立项批准后展开的，而建筑项目的立项是在项目建议书编制、上报、审批之后。

1）项目建议书

项目建议书是对拟建项目的轮廓设想，是投资决策前的建议性文件，是建设项目启动工作的第一个综合性技术工作。项目建议书要对具体的建设项目必要性、建设地区、建设规模、建设项目的能力、建设时机、建设资金及建设责任机构等提出建议。

项目建议书理论上不是唯一的，同一类型项目可能会有多个项目建议书上报，经主管机构根据社会总需求、产能分布、资源条件和区域发展等综合评审选择后，批准立项，确定为下一阶段工作的依据。

项目建议书的主要作用是对建设项目从宏观上考察项目建设的必要性，是否符合国家或地区社会经济长远发展规划的要求，同时初步分析项目建设的条件是否具备，是否值得投入人力物力作进一步深入研究。这段工作对分析数据的定量值精细性要求不高，但应概略而准确，以利于从定性角度判断项目的推进与否。

项目建议书是国家确定项目的依据，项目建议书批准后即为立项。项目建议书的内容有以下几部分组成：

（1）**建设项目提出的必要性和依据**

项目提出的背景，与项目相关的行业及地区资料，说明建设的必要性；

若有引进技术或引进设备，应说明引进的必要性；

改扩建项目应说明原项目概况。

（2）**建设项目能力及水平，拟建规模和建设地点的设想**

国内外同类项目能力、水平的比较，若是工业项目，应对其产品的特质、市场方向、价格预测作分析说明，并就生产能力作说明；

建设规模和分期建设说明，对拟建规模的经济合理性作评价；

建设地点论证，对其自然条件、资源条件、社会条件和地区布局作说明。

（3）**资源供应的可能性和可靠性**

水电、能源及其他公共设施保障情况，工业项目还应分析原材料供应，生产协作条件，废料循环利用的可能性等说明；涉及进口技术及设备的项目，要说明技术及设备来源国家及企业的情况，技术及设备的差距，引进理由等。

（4）投资估算及资金筹措设想

估算包含建设期利息、税费流动资金及涨价因素，并参照同类项目比对；

资金筹措计划应说明资金来源、贷款意向书、分析利率、附加条件、偿还方式，并测算偿还能力。

（5）项目建设进度

含前期、涉外询价、谈判、设计、建设等全时间表。

（6）效益估算，财务评价和国民经济评价

项目建议书的内容格式应根据建设项目的性质、实况而灵活调整，将已掌握项目的有关信息情况反映详尽和准确，以利于主管部门的决策。

大、中型项目应由有相应资质和经验的咨询机构编制，视项目的重要程度、项目规模和项目隶属关系，由国家或地区相关主管部门组织专家研究评审后，再进行审批。

2）项目选址

建设项目选址是项目推进程序中最前面而又十分重要的环节，关系到建设项目的成功和项目实施运行顺利与否。由于这项工作并非经常碰到，也很少让建筑师直接参与，所以专业著作中少有讲述。当建设项目投资主体多元化形成后，民营投资业主面临着自己决策选址、自己决定用地取舍时，会求助建筑师或建筑策划师，他们就多了一份业务也多了一份责任。

选址工作一般分两个阶段：宏观的投资方向，选城市和地区；微观的建设地段，选既定城市或地区中的地址。宏观的投资方向是投资机会研究的任务，不属于本书要讨论的问题，这里讲的是具体建设用地的选择。

选址工作一般是建立在国家或城市社会经济发展规划的基础上，由被选址供给地区依据城市规划和社会经济发展需要提出备选基地若干供选择，或者由投资业主根据前期社会调研和投资机会研究意向的若干选择作为选址对象。

建设项目选址重点要从三个方面进行研究：

（1）基地所在地区的社会经济环境能否满足建设项目落地后持续运行和发展的需要；

（2）基地的自然条件是否适宜本项目长期落户生存；

（3）基地外围条件对拟建项目在能源、资源、交通等各方面保障的可能性。

不同功能性质、不同市场范畴的建设项目在上述三个方面的具体内容是不完全相同的，考虑问题的侧重点也不完全相同，但都可归纳在三个方面之列。

　　一般情况下，项目选址可与项目建议书编制同步进行，并纳入项目建议书内单列选址章节，也可与项目可行性研究报告编制同步进行并纳入其中。重大项目、特殊项目应单独进行项目选址，并编制选址报告，上报有相应权利的机构审批。民营投资机构的投资项目选址一般由其投资决策机构组织聘请或委托有关方面专业人士组成选址团队完成选址并编制选址报告，经所在城市地区的规划、国土、环境、资源等部门审核批准。

　　项目选址工作的程序包含：选址考察团的组建、选址考察、咨询整理及研究、选址方案、选址报告编制、上报审批。

　　选址考察团的组成，应有对项目功能熟悉的专家、对城市和地区发展熟悉的专家、对社会经济发展和法规政策熟悉的专家及经济专家、城市规划专家等组成，并在项目投资决策人的参与和组织下开展工作。

　　选址考察团在实地考察前应进行事前准备，包含对项目投资预定目标的研究和统一认识，对拟考察地区社会经济自然环境的学习和了解，对当地法规政策人文习俗的了解、对考察城市规划发展的了解，拟定实地考察计划和工作方法。

　　选址考察通过会议、洽谈、访问、实地踏勘、收集资讯等方式，从宏观逐渐深入到微观，对候选地区政治、经济、文化、科技、教育、习俗及地块的交通、区位、市政、气候、水文、资源等作全面了解。

　　选址考察工作在候选地区主管部门提供的若干候选址的相关资料基础上进行，听取候选地区陪同人员的介绍，听取他们对考察组成员所提问题的解答，进行考察，并对所有有疑虑的问题通过询问、调查、踏勘，了解清楚。及时收集相关资讯，包含文件、信息、语音、影像、照片、图册、当地书籍、宣传册、广告、报纸等。实地考察工作还包含目的地访问，选择适宜的有价值的访问对象，事先提供访问提纲，让其有所准备。访问是深入了解和考察的过程。

　　在若干候选地址中，并不一定要全部进行实地考察。在候选地址并不多的情况下适宜全面进行实地考察；在候选地址较多的情况下，可先作背景资讯分析和比较，选定其中一部分作实地考察，待考察后研究分析过程中再考虑是否增加考察对象。

　　资讯整理及研究工作是选址的最核心工作。在此阶段中，对大量资讯的分类整理是基础，可以按区位、交通、基地自然条件、资源、政策优惠度、基础设施、地方法规、市场环境、政府态度、民众支持度等各方面分类整理，在若干候选地址中分类比较并排序。在此基础上，选址团成员应针对项目功能和目标需要对各影响因素进行权重分析。确定一个适宜的加权比重表。再逐一对各候选地址的问题加权、分析，进行优势、劣势、机遇、挑战、风险的研究，从而获得对若干地址选择的排序结果。

　　审视与结论研究，通过影响因素加权比重的统计分析，对排序结果再作综合审视，得出首选地址、备选地址，进行选址报告编写。

　　选址报告一般包含：选址工作过程、所在地区概况（含政治、经济、人民生活、教育、工业、科技、地缘优势、政策等）、城市概貌、选址原则、本项目选址的影响因素、选址方案论证比较、选址结论。

中国－白俄罗斯工业园的选址工作涉及国际关系，投资的影响因素复杂，加上对环境信息掌握不足，但又要以较快的速度完成，所以它的工作实施计划对了解选址有较大意义。

2010年10月19日－11月29日，中白工业园项目选址工作分实地考察、分析研究、选址报告3个阶段进行。

（1）实地考察阶段（在白俄罗斯工作，10天）

①选址考察团由开发投资机构领导和规划设计、外交专家、经济专家等8人组成；

②会见白俄罗斯国家经济部长，商讨中白工业园合作启动，确定选址工作计划；

③分别会见提供候选园址的地区州长，听取地区社会经济及发展规划的介绍，并分别实地考察了明斯克州明斯克市和莫吉廖夫州的实情；

④在提供的8个候选园址资讯研究基础上选出5个地块作为首批实地考察对象，分别进行实地踏勘，听取当地技术官员的详细介绍，并获取相关的图纸、资讯和技术文件。【5块用地分别是：明斯克州的斯莫列维奇区（A）、布霍维奇区（B）、泽尔斯克区（C）、莫吉廖夫州的自由经济区（D）和博布鲁伊斯克市（E）】；

⑤拜会中国驻白俄罗斯商务参赞，听取参赞对白俄罗斯经济的介绍和建议；访问先期赴白投资的"美的"企业代表，交流投资体会和经验；拜访旅白华籍经济学家，听取他在白俄罗斯十多年从事经济学研究的经验；

⑥考察明斯克城市主要城市空间，歌剧院、博物馆、公园、火车站、居民区等；

⑦初步讨论选址意向。研究中白工业园用地规模，讨论园区需要的各类政策（如自主管理、免税、外汇流通、简化审批、土地无偿使用等），讨论考察备忘录初稿等；

⑧会见白俄罗斯经济部长，总结选址考察工作，签署考察备忘录。

（2）分析研究阶段（在北京工作，18天）

由于是跨境投资项目，分析研究工作较为复杂；又因为考察备忘录的提前签署，许多本应在分析研究阶段的事提前做了，此阶段需补充和完善。

①原始资讯的梳理；

②中白工业园选址原则、选址影响因素的分析研究，确定各种影响因素的权重比；

③5块用地比较研究，依"优势、劣势、机遇、挑战、风险"五项分别列出，比较出感性评判序；

④5块用地比较研究，依"区位条件、自然条件、资源条件、启动

条件、其他条件"并分别依 30%、20%、25%、10%、15% 的权重计分评价，比较出量化的评判顺序。

基于从实地考察以来逐步明晰的认识，获得了四点关键的共识：

①白俄罗斯是一个政治环境稳定、经济十多年持续发展、奉行独立务实外交政策，有良好周边关系的国家，与中国有多方面互补性，是一个适宜跨境投资的地区；

②白俄罗斯有相当多资源对工业园建设有支撑力，如世界一流的教育、世界前列的科研机构人均比、航空航天新材料发明与专列成果、发达的文化、雄厚的科技人才等大多集中在首都明斯克及周边；

③中白工业园的目标是国际性的，需要一个能联系世界的通道，在白俄罗斯内陆国家里，明斯克国际机场是理想的畅通口岸；

④中白工业园是两国战略性合作项目，足够大的规模方能满足未来的需要。

感性评判序、量化评判序和分析研究共识都验证了实地考察时的初步认识：位于明斯克国际机场旁的地块 A 是最佳场地。"哪一块地你未拿到会后悔，那一块就是选择！"这是选地时常想的一句话，最终的选择至今无人后悔。

（3）选址报告编制（在北京工作，7 天）

选址报告对科技产业园概念、特点及选址的重要性进行阐述，对于园址选择的原则确定，对选址影响因素（区位条件、自然条件、资源条件、启动条件、其他条件）分别进行研究，对 5 块候选用地进行比较、分析，最终采用加权量化比较，得出结论。选择明斯克国际机场旁 80km^2 的基地作为唯一推荐园址。2012 年 6 月白俄罗斯共和国颁布总统令批准了这一选址。

一般选址报告的结论应明确首选方案和备选方案，提供给审批机构决定。中国 – 白俄罗斯工业园是一个特别的项目，不希望多重选择带来后续工作中不必要的麻烦，故而只确定一个选择。在选址报告中阐述了这一理由，并获得了白俄罗斯政府的认可。

2.2.2 可行性研究

在建设项目决策期中，可行性研究是最核心的阶段，它的编制、评审和批准是建设项目决策的关键。在建设项目特别紧急的情况下，出现过以可行性研究与项目建议书合并的情况，但绝不可以省略可行性研究的过程。

1）可行性研究的作用

建设项目的可行性研究是根据国民经济发展的长远规划、行业发展规划、地区经济发展规划等宏观规划及宏观经济政策，对项目的建设必要性进行论证；对其建设规模合理性进行论证；对其所采纳的技术方案、建设方案的可行性进行阐述；对其建成后的经济效益进行科学的预测；对其实施后的社会影响和环境影响进行分析和评价；为项目投资决策提供可靠、科学、全面的依据。

可行性研究的作用具体表现为：

（1）建设项目的投资决策的依据；

（2）编制设计任务书的依据，指导设计工作的重要文件；

（3）建设项目寻求金融机构贷款的依据；

（4）建设项目在各审批环节中各主管机构审批的依据；

（5）建设项目在实施过程中各管理及实施机构工作的依据；

（6）项目后评估的依据；

（7）今后类似项目建设的参考，开展相关科学研究工作的重要资讯。

可行性研究成果在建设项目的前期工作（决策期）中，是决策期工作的核心，起着极其重要的作用。在项目运行的整个周期中，始终发挥着非常重要的作用，指导着全程运行。

2）可行性研究的主要内容

可行性研究是建设项目投资决策的技术经济研究文件，它围绕着需要和可能两大问题展开研究工作，视建设项目性质、功能、作用的不同，而有不同的组成内容。可行性研究工作的展开，是为了准确地阐述需要和可能两大问题，以提高建设投资经济效益为根本出发点，实事求是地开展调查和研究，得出科学结论，提供给建设投资决策机构审定决策之用。

可行性研究的工作成果是可行性研究报告，报告通常有以下组成内容（不同性质、功能的项目不尽相同）：

（1）**总论**

项目提出的背景，投资的必要性及经济意义；

研究工作的依据及工作范围。

（2）**建设规模**

市场需求调研的分析，市场需求与建设规模的关系；

同质建设项目的规模和功能能力与本项目的竞争关系；

同质建设项目与本项目产品品质及价格的比较；

合理建设规模的确定。

（3）**资源保障条件研究**

资源、原材料、能源、土地、市政供给等条件的评述；

对外交通、信息、经济环境支撑条件的评述；

环境影响、气候、地质、水文等自然条件的评述；

各类条件对建设规模的支持和制约分析。

（4）**设计方案**

此方案不一定会成为实施方案，但它回答了在拟定的地址环境条件下能涉及所需要的建设项目合理规模的可能，重点研究了项目技术方案的先进性与可行性，保证了建设目标和规模的实现，也可以暴露出环境条件局部不足而形成制约的情况，并提出寻找解决的路径。据此方案，提出相应的实施计划及进度表。

（5）经济分析

投资估算、流动资金估算、建设总投资；

资金来源、筹措方式、利率计划；

项目经济效益、投资回收、偿还能力；

国民经济评价、评价结论。

（6）结论及建议

上述内容中，总论及建设规模围绕需要进行研究论证，资源保障条件及设计方案则围绕可能进行研究论证；经济分析则对研究的方案从经济方面进行分析佐证，说明经济角度的可行。

不同功能、不同规模、不同性质的建设项目，其可行性研究内容不尽相同。有的项目侧重资源条件、有的侧重交通条件、有的侧重环境影响等，应分别有针对性地列出工作内容和报告组成部分。此处所列 5 个方面是基本的内容构成，也是最基本的框架。

2.3 以建筑策划为核心的前期策划

2.3.1 市场经济发育与现代建筑策划

我国改革开放以来，建设的投资主体由原来单一的全民所有制逐步发展为多元化。最先突破单一全民所有制投资主体的是以技术和设备进行投资的中外合资形式，随后出现真正中外合资、外商独资、个体企业、股份制企业、合伙制等，至今发展成无所不在的多种形式的投资主体。原先的投资决策程序也相应地随之变化。

1978 年国家计委、建委、财政部联合颁布《关于基本建设程序的若干规定》将被"文化大革命"扰乱的基本建设环境纳入科学而正常的秩序，1979 年国家计委、建委颁发《关于做好基本建设前期工作的通知》则是强化了设计前期工作和投资决策，1981 年 1 月国务院颁发的《技术引进和设备进口工作暂行条例》及 1983 年国家计委颁发的《关于建设项目进行可行性研究的试行管理办法》是适应投资主体开始改变的投资决策体系的需要，吸收国际上投资决策的有效经验，加强设计前期工作的措施。（在此之前，我国基本建设的前期工作是项目建议书和设计任务书的两个阶段编制与审查，而不少项目和定额以下项目只有一个阶段或合并为一个阶段编制与审查。）1984 年，根据改进计划管理体制的精神，确定所有项目都要进行项目建议书和设计任务书两段审批制度，利用外资和引进技术项目可以可行性研究代替设计任务书。1991 年国家计委明确所有项目统一为可行性研究审批，取消设计任务书名称。

从 1978 年到 1991 年的 14 年时间里，国家的基本建设主管部门将设计前期工作的重点从科学的明确设计任务扩展到投资决策，尤其是在改革开放利用外资中引进了国际金融机构关于建设项目的机会研究、可行性研究的概念，强化了投资目标的效果分析，强化了投资决策。

随后我国经济的快速发展，特别是多种经济成分介入基本建设和房屋建设事业后，原来的设计前期投资决策体系无法适应，相当多的投资者不了解投资决策与设计前期工作的重要性，在经济超快速发展背景下迷失方向，盲目投资，造成了 20 世纪 90 年代初的房地产泡沫经济现象，好在这种泡沫经济现象是局部的、短暂的，很快引起了投资者们的觉醒，醒来的投资者们深刻地认识到基本建设、房屋建设前期工作、投资决策的重要性，现代建筑策划在这种背景下产生并发展起来。

20 世纪 90 年代至今，我国市场经济构架逐步建立并完善，基本建设投资主体多元化格局逐步形成，随之建筑策划也逐步发展完善，涌现出各种类型的建筑策划机构，也涌现出一批建筑策划师和相应的建筑策划理论。

建筑策划已经成为我国基本建设事业中一个重要环节，成为各种类型建设投资决策的基础工作，被广泛认同和重视。

建筑策划是市场经济发育的成果（图 2-3）。

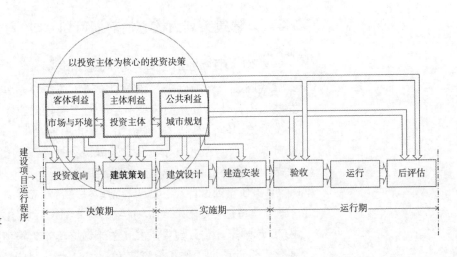

图 2-3 建筑策划是建设投资决策的技术基础工作

2.3.2 建筑策划的概念

1）策划的含义

策划一词，古已有之。"策"一解为计谋，决策、献策，均有此义；也有促成之意，如策动、鞭策。"划"，多解，可解为设计，另有"分开"、"计划"、"安排"之义。古时的"策划"也写成"策画"，其中的"画"，主要指画图或写的意思。由此可见，策划一词的真实含义是：一种有谋略的设计（或计划），"策"是其灵魂。

《后汉书·隗嚣传》中写道："天智者见危思变，贤者泥而不滓，是以功名终申，策划复得。"这里的"策"是指有谋略的，这里的"划"是指有远见的，"智"者、"贤"者均从大局出发，是有远见的人。因而，策划不是一般的计划，也不是一般的设计，而是具有远见卓识的、有谋略的计划或设计，创意是其灵魂。

国际上，随着市场经济的发育，各种类型的策划也甚发达。继而又有了各种策划理论的研究，关于策划的概念也有很多解释，归纳起来约有"事前行为说""管理行为说""选择决策说""思维程序说""因素组合说"。

如果将这些说者的思想概括起来，可以得出以下关于策划含义的认识：

（1）策划为有效地掌握将来、展望未来而求取的对策；预见未来行为影响因素的变化，减少不良影响；避免盲目行动而导致行动结果与预期目标的不一致。

（2）策划应准备编制有效的运作程序，确认实施过程中的监督机制；策划在组织化的行动状态中，是一种普遍性的要求。

（3）策划是管理者从各种方案中选择目标、政策、程序及计划的决策过程，是决定行为路线的思维过程，是以目标、事实、现状为基础的深思熟虑的判断。

（4）策划是对将来一种构想方案的评价和为实现方案过程中各种活动的理性思维程序；策划是为达到人类通过思考而设定的目标的最单纯、最自然的思维过程。

（5）策划是为达到一定目的而对效率、智慧等因素进行综合的结晶，是一种通过诸因素组合后而付诸实施的计划。

策划作为人类观念、思维、行为的一种形态，已被广泛地应用到各行各业。

由于人们所从事的工作不同，运用策划的范围也不同，对策划含义的理解也就出现了上述种种。我们不宜将上述见解割裂开来去理解，那将会使我们陷入迷茫，若从以上见解的总和去理解，求得一个模糊的总体概念也许是正确的。

策划应当具备计划性，但并不等于是计划。计划有宏观长远的，也有具体操作程序性质的，但并不一定带有创新性；有许多计划是实施细则，但不带有决策意义。

策划含有决策作用，但不等于决策。决策重在优选方案，而策划重在提出方案，而且是提出创新意识的方案。

策划需要创意，但不局限于创意，更不是一般地出点子。策划是一种系统的理性而有序的创造性思维活动。

人类的生活生产活动在启动前有目的的计划构思过程都是策划。

人类的生活生产活动包含着做一件事还是制造一个物，就区别成事件的进行和物件的制造两大类，故而人类的策划活动形成了事件策划和物件策划两大类。

通常所说的"事件"，就表达了人类活动的做事和制物这两种状态。做事之前预先进行做事行为的影响因素分析，进行行为环境变化的分析，避免盲目行动导致行动结果与预期的不一致，这就是事件策划。物件制造之前，对物件建造所需的各种资源和条件客观分析，研究其与实现目标愿景的支持和制约点，寻找到克服制约的出路，从而保证物件制造的顺利，实现目标，这就是物件策划。

事件策划包含有周期性事件和孤立事件，它们有不同的事件发展规律。

公司创立策划、产品促销策划、广告策划、庆典策划、新闻宣传策划、CI策划、危机管理策划、企业兼并策划、体育赛事策划、演出策划等都是事件策划。在事件策划中周期性事件策划较少，孤立事件较多。例如少年儿童的夏令营，一个暑假举办三期，每期15天，这就是周期性事件策划；又如演出，每天一场相同剧目，也是周期性事件策划；再如巡展，虽然是不同地点，但仍然是相同展出内容、相同展期、相同展出形式，还应是周期性事件策划。

物件策划有移动物件和固定物件之别，它们有不同的场所影响的规律。

产品策划（如汽车、服装、饰品、艺术品等物件策划）、产品包装策划、连锁店策划、机场礼品店策划和建筑策划都是物件策划。在物件策划中，固定场所的物件如建筑物、纪念碑、公园、游乐场等都是固定场所物件的策划，汽车产品、服饰品、艺术品及连锁型经营场所是移动物件的策划。

事件策划的工作重点是对时间的科学合理而逻辑性的安排。物件策划的工作重点是对空间的科学合理而逻辑性的利用。即使是一件雕刻艺术品的创作策划，也是对原材料充分研究后在空间范围去留的取舍和创意思维过程。

事件策划和物件策划都是策划，作为泛指的广义概念的策划，它们有着共同或相似的工作程序、方法和思维特性。了解和审视委托人的目标愿望，调查研究资源条件对目标的支持和制约，寻找和探索克服条件制约的出路，提出创意而产生的实施方案，实施计划的制定，经济性分析等。

事件策划和物件策划是不同范畴的策划，各有不同的规律，不应混淆，也不适宜放在一起探讨研究。本书是研究建筑策划问题的，仅就作为固定场所物件策划的建筑策划进行问题的讨论。

建筑策划是物件策划，与很多事件策划不同。事件策划是时间的智慧利用，辅以资源的充分利用；物件策划是空间的智慧利用，辅以资源充分而聪明的利用。世界上许多事件策划者主张的策划工作程序，归纳起来是：明确对象、设立目标、探求着想点、创意研究、预测结果、形成提案。这一过程与建筑策划的程序大同小异，建筑策划的创意研究成果必须落实在概念方案上，让开发投资人看到策划的价值，体现建筑策划的可实施性。

2）建筑策划的概念

人类一切活动的目的应当是让人类过上更好的生活。人类生活的基本需求是衣食住行，人类的更高品质生活的核心仍然是衣食住行及与其相关的附加内容。在衣食住行中，住的条件创造是最为复杂的，它涉及周边人的利益，涉及有直接关系的人和没有直接关系的人的公共利益，如住所建设引起的对环境的影响、对资源的占用、对能源的占用和对空间的占用等都会涉及周边人的生活或人类生活所依赖的公共环境，所以，住的问题是一个复杂的问题，住的条件创造是涉及面广的需要约束限定的行为。

房屋的建造涉及人类公共利益，这其中包含人类赖以生存的地球环境的保护，包含房屋所在城市和地区资源（空间资源、土地资源、能源资源等）的计划使用，包含房屋所在地区居住的邻里利益问题等。所以，随着人类社会发展，随着房屋建设事业的发展，人们在逐步认识这些矛盾的同时，制定出国际性公约、国家和地区性法规、城市的法规等，以规范和限定建造行为。房屋建造越来越多，面临的限定也越来越多、越来越严，房屋建造的实施也越来越难。

除去公共利益的维护之外，房屋建造的投资者还面临着众多利益相关人。这其中包含在建造过程中帮助建造的机构和人士（如设计、施工、踏勘及能源保障等机构），包含为房屋建成后顺利运行而提供服务的机构和人士（如电力能源供应、自来水公司、污水污物处理机构等），包含房屋的周边邻居，包含未来房屋的使用者（如果是商品性建筑，这些使用者将成为房屋的业主）。这些利益相关人均可称为房屋建造的客体，他们的利益也可称为客体利益。

除去公共利益、客体利益外，房屋建造的投资者一定有其自身利益，称为主体利益。投资房屋建造一定想追求高之又高的主体利益，这是无可厚非且毋庸置疑的，但这种高额利益的获得不是以侵占公共利益、忽视客体利益为代价，如果那样将早晚被社会公众唾弃而失去在社会上生存的权利，最终丧失主体利益。

房屋建造的投资者本体利益的获得在于资源潜能的挖掘、资源的充分利用。这里所说的资源是城市法规限定下所给的土地、环境条件、能源、空间及自然资源，房屋未来的市场也应视为资源。这些资源的充分利用及潜能的挖掘与公共利益的维护、客体利益的保障存在一种协调。

在房屋建造过程之初，建筑设计前期，全面分析研究建造活动的周边条件和相关者，在公共利益维护、客体利益保障和投资主体利益的追求中寻找一个最佳的权衡点，让投资者能获得一个合理合法的最大利益的筹划过程，就是建筑策划。

2.3.3 建筑策划的特性

市场经济的发育催促了策划业的繁荣，一时间各行业各类型的策划遍地开花。体育界的赛事策划，演艺界的演出策划，商业界的营销策划、宣传策划、广告策划，政府机构也有了招商策划，还有出版策划、会议策划……这里所要阐述的是区别于各行业各类型策划，同时也区别于建筑设计的其他阶段工作，专门讨论上述建筑策划所具有的特性。

1）政策法规性

西方社会进入资本主义社会较早，在 20 世纪 50 年代之前，建设投资几乎都是以投资业主的立场为主，建筑师也无疑是业主的代言人。随着社会的进步、社会观念的变化，民众的价值观及公共社会的价值观逐步以法律法规的形式列入建设投资的决策体系中，建设投资业主们也自觉地认识到遵循政策法规的重要性。

建筑策划所涉及的是提供人们工作生活的物化场所，而这种场所建设关系到人们生命财产安全，关系到社会公共环境质量，关系到城市为它提供空间、交通、能源及资源的能力，关系到城市为它化解废弃物的能力，所以建筑策划的社会性、政策法规性尤其突出、尤为重要。

为了保护国家利益和全民公共利益，国家和地方政府的建设主管部门制定了一系列关于城乡建设的法律、法规、规范，各个地区、城市根据自身情况又制定了地区性法规、规定、条例，还有具体地段的乡规民约，这些都应视为建筑策划的法规依据。一项完整的建筑策划所涉及的法律、法规、规范多达几十种，可见建筑策划的社会性、政策法规性要求之严。

除法规、规范外，城市规划管理部门下达的规划设计条件、城市规划文件都属于法规性文件，都是社会公众利益的具体表达，建筑策划应予以遵循。

建筑策划的这一特性说明了建筑策划在技术上的科学严谨，它不是房地产的营销策略，也不是宣传广告类型的策划，它首先是建设的设计前期技术工作的重要环节，应当由建筑师、城市规划师、工程师、经济师等技术人员组成的团队承担。这一特性另一含义表达了遵循规划设计条件、遵循法规对保证建设项目的顺利进行十分重要，而建设的顺利在项目投资的效益评价上占有举足轻重的作用。

2）现实可行性

建筑策划是建设的前期工作，并引导设计和实施，没有现实可行性是无法实施的。它的现实可行性是会经过实践检验的。

影响建筑策划可行程度的因素很多，包括法规的合规性、技术的可靠性、经济方面的有效保障和积极可行性。

3）适调性与弹性

建设项目的实施过程比较长，中小型项目两三年，大型项目需数年至十数年。在这么长的实践过程中，原策划所依据的社会环境、市场环境和社会经济状况都会发生很大变化，尤其是在中国当前这种高速发展的经济背景状况下，急速的经济发展促使人的观念激烈变化，市场和人的生活方式的改变，对建筑产品的品质认识也随之变化，加上时尚的因素，作为一种产品的建筑，从策划时的时尚形态到建成时可能变为落后，或者失去它的吸引力，所以建筑策划应当有较强的适调性与弹性。

这种适调性和弹性包含着建筑功能的适调性、空间分隔的弹性、形态对时尚的适应力及随经济环境变化而能调整成本的能力等方面。

在市场经济条件下，西方国家成为自由经济，建设投资主体不受政府的约束，而根据市场需求来确定投资方向。当写字楼缺少时，会有众多写字楼开工建设，当供求关系改变时，也许"缺"就变成了"余"，而别的功能的建筑成为"缺"态，建筑策划如果有了功能的适调性，就会主动得多。

建筑策划或用地规划中能考虑到分割出让、合并使用，甚至能随市场需要做到随需划隔，以求在招商销售和转让中获得主动。

4）创新性

建筑策划是建设项目的设计前期工作，它的成果将在若干年后才被实践证实，那时同类同质建筑问世，若要在未来的市场上具有生命，没有超前意识和创新性是不行的。

前面讲过，影响建设项目的因素非常多，在维护城市公共利益的前提下，在保证客体利益的条件下，还要让投资者获得尽可能大的本体利益，这需要充分挖掘资源的价值，需要有一种创新意识，能够以特别的创意让建筑产品具有特别的吸引力而拥有更高的价值。这离不开创新力。

任何一种策划都是一种谋略，建筑策划也是如此，必须具有创意和创新性，否则，可以不要建筑策划，而只进行设计任务书编制和建筑设计即可。

5）独特性

由于建筑的功能类型、投资模式、所处地段、运行方式等的差异，加上它所处环境、市政保障、气候资源等客观条件的不同，每一个建筑项目都具有不同的内外因素特征，因而构成了建筑策划的独特性、个别性。即使完全相同性质、相同地段的项目，由不同的投资业主投资时，其建筑策划也会是不同的。这是由于投资业主的企业背景不同、开发意图不同、设定的项目目标不同所致。建筑策划工作的影响因素的复杂性决定了建筑策划的独特性。

2.3.4 建筑策划的意义

1）社会意义

策划是在社会经济全面繁荣的局面中产生发展起来的，它是社会经济运转中最具灵性的因素，它的实施有利于社会经济有节奏的发展。建筑策划是在建设事业全面繁荣的背景下产生的，是基本建设、房屋建设投资主体多元化形势下因投资决策需求而产生发展，它的实施有利于建设事业有节奏、有秩序地发展，有利于社会进步。

（1）社会资源的合理利用

建筑物的产生涉及对社会资源的占用，而且量大面广，如果不加以控制，将会影响到人类社会的持续发展，导致生存环境的破坏乃至流失。

建设的目的是为了人类生产生活的顺利和舒适，而所涉及的资源消耗又影响到人类未来的生产顺利和生活舒适，这需要一种适度利用和尽力保护之间的权衡，要建立一系列权衡措施。建筑策划是一系列权衡措施中起重要作用的一个环节。

基本建设的建设行为，需要土地、淡水、能源等实物资源，还需要容纳废气、废水、废弃物的，我们不能认为这些资源是"取之不尽、用之不竭"的。随着人口增加，人们生活水平提高，人类对资源的消耗越来越多，人们已经意识到资源的无计划消耗正在危及人类的未来生存。

建设活动对资源的依赖性是很大的，对资源的占用涉及面广、占用量大、占用期长，人们不得不开始思考建设活动对资源有计划、有序的占用策略，通过一系列法规进行限定，同时鼓励人们在法规限定基础上进一步节约资源，利用可再生资源。

建筑策划主张把节约资源与节约建造成本、节约运行成本、创造健康生活方式结合起来思考，这就有效地促进了社会资源的合理利用，因而它的社会意义不局限在项目本身，还影响着社会的长远发展。

（2）社会公益的保护

建设投资是为了向人们提供生产活动、居住、办公、旅游、教育、购物、休闲等必要的建筑空间，但同时也是为了获取利润。由于追求利润必须产生建设投资活动中涉及的公共利益、投资客体利益与投资者本体利益三者的权衡关系。

大多数建设投资主体的代表人并不是建筑专业人士，不了解在维护公共利益前提下如何去获得更多利润，不了解维护公共利益对争取更大利润的积极促进作用。在建筑策划专业人士的引领下，投资人会意识到维护公共利益是项目顺利推进的前提，也是维护本体利益的前提，是相辅相成的。

1988 年规划的海口金融贸易区，由于当时认识的局限性，停车场不足，某些公共设施也不够完善，加上在开发过程中各块土地的开发强度的提升，使公共绿地、停车场欠账较多，幼儿园、居委会、诊疗所、邮局等公共设施缺失。在这种背景下，原规划中最后两块用地加高加大容积率的设计方案被专家评审会否决，不同意再建更多房子而增加这个区域的城市压力。

发展商寻求帮助。建筑策划从公共设施欠账调查入手，仔细计算停车泊位、绿地面积及各项公共建设设施的合理面积需求，然后研究规划用地周边条件，经过反复研究创意，提出了适宜海南气候条件的垂直方向功能分区的方案，综合解决了公共设施欠账问题，并获得了 18 层公寓空间，这一策划案赢得开发商的赞扬，并获得专家们的一致赞同，因为它维护了城市公共利益，解决这一区段公共设施不完善的问题，发展商也在为城市贡献之中获得开发盈利又赢得社会尊重。

垂直方向功能分区的创意产生于公建空间需求与用地面积有限的矛盾的解决之中。将基地的地下 3 层和地上 5 层（部分 2 层）做成开敞式多层停车楼，将原来旁边一片停车场的车位纳入停车楼，将其改为公共绿地，使泊车位和绿地面积达到要求。在地上2层停车楼的层面设置卫生所和居委会。在地上5层停车楼的层面设置幼儿园和幼儿活动场，有专用电梯直至地面及地下层。地上第8层至第25层均为住宅。地上2层和5层两个不同高度停车楼形成两个不同高度的屋顶花园，分别是成年人公共户外空间及幼儿活动场，不会相互干扰。

这一策划实例较清晰地反映了建筑策划维护社会公益的作用，也反映了建筑策划能够将社会公益维护与发展商利益追求统一起来。

（3）促进社会进步

建筑策划的特性中包含创新性、超前性，这种特性促使人们在建设活动中不断探求自然规律，探求更新、更先进的东西，同时也建立起更新、更先进的观念，从而促使社会的进步。

为了建设投资能获得较好的经济回报，又要维护公共利益和各类客体利益，建筑策划就会自然地转向对资源价值的挖掘。在创造性发掘资源、利用资源的研究中，自然地促进了人们对自然资源的认识深化、科学利用和协调保护，加强了人们对自然资源再生规律及有效利用的研究。在社会均衡利用资源的同时，维护社会成员的公平享用和社会均衡意识。

建筑策划主张在保障社会公共利益和建设项目客体利益的前提下，努力保证建设投资者本体利益最大化。在解决条件与目标方方面面的矛盾中不能也不会激发投资主体与客体之间的冲突，而是建立和谐的主客体关系。

社会的公平、均衡、和谐及维护它们的法规就体现了社会的进步。建筑策划深入展开还会发现建设过程中发生的新的未曾认识的矛盾，会在策划中设法化解，而其积累的经验则是今后制定新的法规的参考，促进和谐公平的法规建设。

2）对建设投资企业的意义

（1）避免建设投资的盲目性

在经济高速增长的背景下，由于市场需求的旺盛和建筑产品消费能力的增强，建设投资会日新月异的兴旺，投资人在繁荣的形势下会思维膨胀判断失准。建筑策划在此时会冷静科学地给予帮助。反之，在市场低迷时，也并非没有好的投资机会，只是难于发现。而此时发现机会绝非凭感性能够判断，需要细微科学的工作给予证实。

建筑策划能够让建设投资企业适时投资，避免盲目性。1994年前后的海南、2010年前后的鄂尔多斯都是因建设投资决策的缺失而盲目行事所至，是深刻的教训。

（2）促使建设投资更系统更有序的发展

建设投资人所获得的投资机会信息多半是相互间缺乏联系的信息点，缺乏系统性，常表现为片段性、零散状。由于它们所处区域经济环境、地理条件的差异，逐个研究分别投资会造成资金、资源利用不充分，社会形象不完整，经济效益不显著的结果。

建筑策划有助于投资人、投资企业将零散的信息系统综合地研究，建立起适合自己资本能力、开发经验、管理水平的投资方向，确定取舍，建立起长远目标。将每个单项建设投资纳入到企业长远发展的计划之列。使每个单项投资除去其单项经济收益外，还能为企业长远目标积累经验、业绩、技术成果，促进企业成长。

（3）提高资源利用效率

资源是一个广泛的概念。建设项目所在区域的政策、土地、环境条件等都是资源，而投资企业自己的人才、经营及开发经验、资金及运行能力、外界社会关系及企业的自身文化也是资源。项目的资源与企业自身资源相辅相成时，资源的价值会发挥更加充分，资源利用效益会更大。

建筑策划主张充分综合利用资源，因而有助于资源的发掘和协调利用，充分发挥资源价值。鼓励开发企业完善自身资源能力，为持续发展打下了更好的基础。

（4）提高建设投资的竞争能力

建设投资机会的出现是公开公平的，所以才会发展为建设投资人招标制度。招标制度的出现是市场竞争的体现，这种竞争本质是商战，展现投资人、投资企业对资源利用的计划和能力，如同战争中用兵艺术的较量。

在大家都认识到建筑策划作用和意义的情况下，建设投资资格权的竞争实质上是建筑策划的竞争。

建筑策划对于建设投资者而言是投资决策的技术文件，对于招标的一级土地业主而言，建筑策划的成果是他们选择投资合作者的依据和重要参考。建筑策划重视对投资客体利益的尊重，重视对公共利益的维护，这正是招标投资人的遴选原则。

建筑策划是站在社会整体的高度审视建设项目的投资机会，是在综合性考虑项目对社会各方面影响的前提下，去探讨建设投资的利益回报。这样的价值观会得到更多的支持和赞同。这样的竞争力已不是建设投资者单股力量而是社会的合力。

2.4 本章小结

建设项目科学程序形成的过程使我们认识到由于建设项目投资源的不同而形成了不同的前期决策体系：适用于公共资本投资的以可行性研究为核心的决策体系及适用于民间资本投资的以建筑策划为核心的决策体系。由此可以更清晰地认识到建筑策划的概念、特性和意义。

思考题

1.民间资本投资与公共资本投资在建设投资决策上有哪些区别？

2.通过本章学习，你对设计前期工作有哪些新认识？

第3章
建筑策划原理

3.1　投资主体多元化背景下建设项目的投资决策

随着我国社会经济的发展、市场经济体系的建立和完善，建设投资主体不再是单一的全民资本投资了，出现了民营企业投资、股份制投资、合伙投资、自然人投资等多元形势。政府主管机构不可能代替民间投资人进行投资决策，而民间投资者也不可能依靠别人来决策，不需要也不愿意完整地套用原来行之有效的投资决策方法，他们更需要建立起适合自己的建设投资决策体系。在市场经济不断发育发展中，以建筑策划为核心的建设投资决策随之发展而逐步完善。

3.1.1　建筑策划为核心的建设投资决策的特点

因为资本属性的不同，带来了与全民资本投资决策体系的不同特点。

（1）民营资本的建设投资一般将投资机会研究置于首位，当机会研究有了意向之后即展开建筑策划。它的投资决策一般包含机会研究和建筑策划两个阶段，少有独立的选址阶段。近十余年来，民营资本的投资企业发展成巨型企业后，开始计划向全国或世界扩张布网，而逐步形成了独立的选址工作阶段，但较多情况下仍与机会研究同步进行。

（2）民营资本建设投资的机会研究一般在决策者的内部进行，很少委托给建筑策划机构，主要是因为机会的发现带有偶然性又具机密性。

（3）建筑策划在投资决策中起到可行性研究的作用，但重点不在经济评价，因为民资企业有自己的财务系统，能准确适宜地做出决策所需文件。而关于建设目标实现的障碍和保障的突破，将成为建筑策划的重点。

3.1.2　建筑策划是建设投资决策的技术依据

在基本建设、工程建设和房屋建设的投资主体进入多元化时代以后，许多建设项目的投资决策人不再是国家机构或国有企业，因而再也不会由国家机构国有企业去承担建设投资的风险。谁投资，谁决策，谁承担风险，这是天经地义的。

在前期决策过程中，投资者关心提供给决策的各类技术资料的准确性、可靠性，如果这类资料的准确性、可靠性有疑问，那么决策就可能有误，严重时会导致整个建设项目失败。即使建设中途发觉了，要扭转或改进，也会付出高昂的代价。

在前期决策过程中，投资决策者关心的无非是投入与生产的经济效益分析、项目进行的顺利度、社会环境分析和企业声誉等长远企业利益的分析。

在投入与产出的经济效益分析中，任何从事建设投资的企业都不缺乏经济类人才，包括擅长预算、概算的概预算师，销售分析师，市场营销师和善于资本运营的经济师。但他们所进行的分析工作是建立在一个有建设规模、产品类型、产品质量、市场接受度并符合城市规划、易于建设运行顺利的建设方案基础上的，如果作为经济分析工作的基础方案不可靠，那么后面进行的一切分析计算便是不可信的，也就无法决策；如果基础方案是追求奇特而不思成本，也许经济分析的结果会有重大经济风险，也就会做出否定的决策；如果基础方案是一个成本合理但不具有市场吸引力的方案，即使经济分析结果理想，也难于决策。

可见，建设项目的前期研究过程中，做出一个真实、切实可行、符合社会和市场需求、符合城市规划条件要求、经济效益良好、有社会影响力、技术先进但同时是可靠的基础性方案是何等重要。

建筑策划要解决投资人在建设项目决策阶段所关心的一切技术性问题（图3-1）。

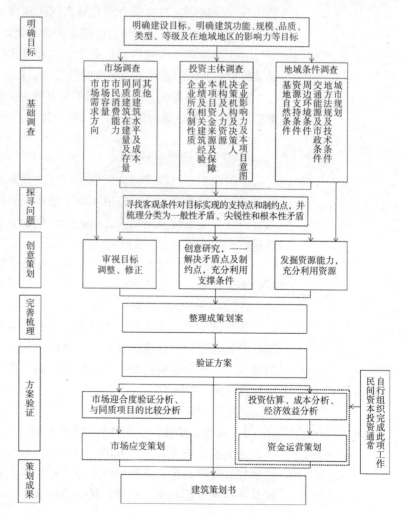

图3-1 建筑策划工作步骤及内容

投资决策者们在前期阶段关心的技术性问题可以分为：

（1）容量类问题：总建筑面积、容积率、计容建筑面积、地下建筑面积、地下不计容但可利用的建筑面积、可销售或租赁建筑面积、可作为促销手段但不一定产生直接收入的建筑面积等，也许还会有不计入建筑面积的其他类型空间的面积。

（2）成本类问题：总建造成本、单位建筑面积的建造成本、结构方案的经济性、围护结构的科学性和经济性，建筑形态对成本的影响、设备系统的经济性与先进性的权衡、建筑构件标准化与成本关系、室外工程及景观工程的建造成本等。

（3）产品类型问题：建筑产品的市场接受度、产品的同质化竞争的回避、产品的适用和个性关系、产品的弹性适应性和博弈能力、产品的创新性等。

（4）建设程序和行进过程类问题：城市规划条件的符合性，包括用地性质、用地边界、建筑后退、停车泊位、出入口位置、绿地率、建筑限高、容积率、消防间距及疏散、扑救条件等，城市市政条件与项目市政方案的协调，功能分区与建设分期和城市周边环境的协调等。此类问题涉及建设项目的进行顺畅性，与投资资金运营的效率极有关系。

（5）客观条件与建设目标存在矛盾和限定时，寻求突破和化解策略是建筑策划的核心工作。这些突破性工作，应当有理有据地慎重对待。

（6）产品的影响力问题：产品的独创性、标志性、识别性等形态问题，生态、绿色、智能等时尚技术性问题，其他关于提升影响力的创意。

3.1.3 投资机会研究

一般情况下，投资机会研究由投资决策人在内部进行，但因对机会信息了解不完整或涉及因素很多而无法明确判断难于决策时，投资决策人会委托或邀请建筑策划人、机构给予帮助。当前，这类工作多数是友情帮助或后续补偿，尚难成为委托业务。

机会研究源于世界银行、亚洲开发银行等国际金融机构对各地投资前的决策体系，在我国20世纪80年代改革开放之初，引入外商外资时传入我国并逐步发展起来。

机会研究相当于全民资本投资项目的项目建议书阶段，所不同的是项目的起因有别。项目建议书是依据国民经济发展长远规划的目标提出的需求，而机会研究是某个确定地区的独特资源或市场需求信息引起建设投资人意向的研究。

机会研究有两种方法：

1）因资源或独特资源引发的投资意向

这类机会研究首先深入调查资源的可靠性，包含政策法律许可，资源供应量是否满足合理而经济的投资规模的需求，核心资源供给的条件和其他相关资源的满足程度，核心资源获得的成本；同时着手研究市场需求、建设项目的类型和规模。

上述二者分别从资源可能性和市场需求两方面证实投资机会的存在和可行。

2）因市场需求引发的投资意向

这类机会研究首先深入调查市场需求，包含市场需求量化、细分化，调查建设中同质投资项目的市场供给量和客户分析，明确细分市场需求的建设项目类型，初步确定投资方向和投资规模；同时落实投资建设所需的各类型资源保障的可能性。

以上二者分别从市场需求机会和资源供给可能证明投资机会的存在。无论哪一种方法，在调查之后，均会进行投资效益分析，从建设成本、市场回报、资金筹措费用、风险成本等各方面进行财务评价，从而证明投资机会是否确切存在。

机会研究可融入建筑策划之中，有时也会先于建筑策划独立进行。

民资企业建设投资的机会研究是相当频繁的，但大多数是投资决策人在内部进行并完成判断。成熟的建设投资企业，机会研究十中挑一并不罕见，若一旦确定进入建筑策划研究，就已基本确定要投资了。承担建筑策划的机构应当会听到他们关于机会研究的情况和他们的判断及结论，也就是建筑策划的拟建目标。

当建筑策划展开时，在调查过程中，应当始终思考目标设定的合理性，与调研得到的市场认识及资源条件认识是否吻合，如若矛盾则应调整目标的规模。所以，机会研究是建筑策划的前提和参考，但它不是不能逾越的依据。这一点与全民资本建设投资决策体系中项目建议书是可行性研究的不同依据。

建筑策划时，建设投资的决策人基本上就是资本的拥有人或代表，他们追求投资收益最大化，在机会研究阶段侧重定性研究而非量化的研究，对建设规模的确定难以做到客观和准确，所以应当将机会研究的内容纳入建筑策划过程，再予审视，使策划成果更加贴近实际，更有价值。

3.2 关于建筑策划定义的讨论

庄惟敏教授在《建筑策划导论》[①]中这样定义："建筑策划特指在建筑学领域内建筑师根据总体规划的目标设定，从建筑学的学科角度出发，不仅依赖于经验和规范，更以实态调查为基础，运用计算机等近现代科技手段对研究目标进行客观的分析，最终定量地得出实现既定目标所应遵循的方法及程序的研究工作。"并将这一表述移植到全国科学技术名词审定委员会编写的《建筑学名词》中。在《建筑策划与设计》[②]中说："建

---

① 庄惟敏.建筑策划导论.北京：水利水电出版社，2001.

② 庄惟敏.建筑策划与设计.北京：中国建筑工业出版社，2016.

筑策划在建设项目的目标设定阶段，或曰项目的总体规划阶段进行。其后为了最有效地实现这一目标，对其方法、手段、过程和关键点进行探求，从而得出定性、定量的结果，并在指导建筑设计的过程不断反馈，这一研究过程就是'建筑策划'"（图 3-2）。

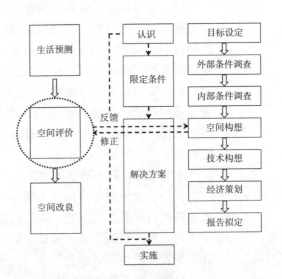

图 3-2 庄惟敏教授的建筑策划步骤框架
（原框架的七步骤详细内容引用时略去）

邹广天教授在《建筑计划学》[①] 一书中这样定义："建筑计划是建筑设计的前期准备工作及其成果。它通过调查和分析的研究方法，明确建筑设计的条件、需求、价值、目标、程序、方法及评价"。"狭义建筑计划就是建筑策划……建筑策划是指针对具体的建筑设计项目而进行的前期准备工作及其成果。它的成果往往体现为建筑策划书的形式，其中的主要内容是对建筑设计的条件、需求、价值、目标、程序、方法及评价方面的论述"（图 3-3）。

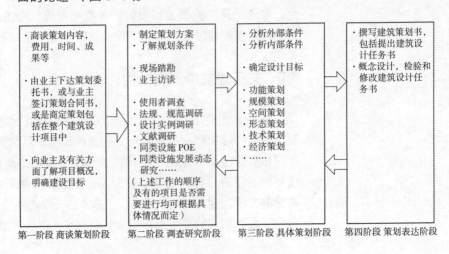

图 3-3 邹广天教授的建筑策划程序的模型

| 第一阶段 商谈策划阶段 | 第二阶段 调查研究阶段 | 第三阶段 具体策划阶段 | 第四阶段 策划表达阶段 |

① 邹广天 . 建筑计划学 . 北京：中国建筑工业出版社，2010.

涂慧君教授在《建筑策划学》[①]一书中这样定义："建筑策划是在广义建筑学领域内，基于相关利益群体多主体参与，以搜集与建设项目相关的客观影响信息和制定决策信息为策划研究对象，以环境心理、实态调查以及数理分析、计算机支持平台等多学科交叉的方法，从而科学理性地得出定性和定量决策结果并建立系统研究文件，以指导建筑设计过程并直接影响建设项目成败的独立建筑学分支学科。"

在国际上，建筑策划在发育较早的英、美建筑策划著作中也有各不相同的定义。

英国弗兰克·索尔兹伯里在《建筑的策划》[②]书中说："一名建筑师需要了解的业主对建筑师的所有需求，就是策划。在建筑策划中，应当清晰地表现出业主的愿望、思想与观点，以及各项活动的安排及重要设备或贵重财产的配置情况。……而且是一种能为随后的建筑定型所进行的创造性活动，它应当是一份简明、真实、详尽并且构思巧妙的文件"（图 3-4）。

	初始阶段 A	项目和场地的可行性 B	草图设计大纲 C	策划书和确定设计方案 D
阶段工作目标	·形成需求的刚要性说明 ·提供足够信息	·决定可行度 ·解困方案 ·成本的设想 ·初步计划	·确定策划书主要内容 ·建造方法 ·评估设计	·完成策划书 ·完成方案设计 ·调整成本计划
业主的工作	·设想、目标、案例、信息、疑问的提供	·核准方案 ·经济评估 ·保护设想 ·提出问题	·提出修改点 ·检查深度 ·明确模糊点	·最后意见提出 ·检查文件成果 ·确定成本计划
建筑师的工作	·项目可行性 ·场地及信息 ·困难点	·提出设计草图 ·解决难题 ·报告书初稿	·配合业主决策 ·完善设计 ·检查场地设计	·规则标准 ·材料装修 ·概算
总体评价	·业主及其机构 ·项目目标 ·场地 ·类似项目	·外界影响 ·决定性因素 ·发现调整点	·检查悬而未决的问题 ·全面检查策划书及设计	·成果的全面审核

图 3-4　弗兰克·索尔兹伯里的策划程序 A、B、C、D

美国威廉·M·培尼亚在《建筑项目策划指导手册——问题探查》[③]中说："建筑策划是一个过程。什么样的过程？韦式大词典对此作出明确的解释：'说明一个建筑学问题并提出解决问题相关要求的过程'"（图 3-5）。

---

① 涂慧君．建筑策划学．北京：中国建筑工业出版社，2017．
② ［英］弗兰克·索尔兹伯里．建筑的策划．冯萍译．北京：水利水电出版社，2005．
③ ［美］威廉·M·培尼亚＆史蒂文·A·帕歇尔．建筑项目策划指导手册——问题探查，王晓京译．北京：中国建筑工业出版社，2010．

		建立目标 1	现状事实 2	提出概念 3	决定需求 4	说明问题 5
功能	人 活动 关系					
形式	场地 环境 质量					
经济	初步预算 运营费用 全寿命费用					
时间	过去 现在 未来					

图3-5 威廉·M·培尼亚的五步法
注:前4步没有刻板的顺序,可以任意互换次序。这是对海量信息进行梳理的框架。第5步的信息量最小但最为重要。

美国罗伯特·G·赫什伯格在《建筑策划与前期管理》[①] 一书中说:"建筑策划是建筑设计过程的第一阶段,这种建筑设计过程应该确定业主、用户、建筑师和社会的相关价值体系,应该阐明重要的设计目标,应该揭示有关设计的各种现状信息,所需的设备也应该被阐明。然后,建筑策划编制成一份文件,其中体现出所规定的价值、目标、事实和需求。"

美国伊迪丝·谢里在《建筑策划——从理论到实践的设计指南》[②] 一书中说:"建筑策划就是研究和制定决策的程序,从而确定那些要由设计来解决的问题。"

日本的铃木成文在《建筑计划》[③] 书中指出:"建筑的'计划',就是以明确建设目的、进行运营的准备、弄清经济方面的根据等方面为首,探讨建筑物的各种各样的要求、条件,同时整体地设定了形成具体的形态而提出的指针。"

日本佐野畅纪等学者在《建筑计划——设计计划的基础与应用》[④] 书中说:"建筑计划就是思考为了建造建筑物等而采取的程序和方法。"

上述关于建筑策划的表述中,有直接明了,也有包罗万象,都想让旁人充分了解建筑策划,但几乎找不到相同的表述。通过分析,还可以从中归纳出共识点和差异点。

共识点:

建筑策划是建筑设计的前期工作,对建筑设计有着指导意义;

建筑策划是一项独立的技术工作,并有其独立的建筑策划成果;

① [美]罗伯特·G·赫什伯格.建筑策划与前期管理,汪芳、李天骄译.北京:中国建筑工业出版社,2005.
② [美]伊迪丝·谢里.建筑策划——从理论到实践的设计指南,黄慧文译.北京:中国建筑工业出版社,2006.
③ [日]铃木成文等.建筑计划,1975.
④ [日]佐野畅纪等.建筑计划——设计计划的基础与应用,1991.

建筑策划的服务提供者是建筑师，服务的受用人是项目建设业主。

差异点：

有人认为建筑策划是基于总体规划的目标设定而进行的，而另一种认识是建筑策划是依据项目建设业主的目标而进行的；

有的定义强调了建筑策划工作的技术性乃至学术性，而有的定义强调的是建筑策划的程序性乃至制定决策的程序；

有的表述将近现代技术运用纳入到定义之中，而另一些表述并不在意具体的方法，而强调策划的成果。

关于建筑策划成果的表述，也存在明显的差异，约可归纳为三种：

第一类，成果文件反映了业主的愿望、思想和观点，为随后的设计提供了一份简明、真实、详尽并且构思巧妙的文件；

第二类，成果文件主要内容是对建筑设计的条件、需求、价值、目标、程序、方法及评价方面的论述；

第三类，为实现总体规划设定的目标，对其方法、手段、过程和关键点进行探求，从而得出定性、定量的结果。

讨论各种定义表述不存在对错，也不存在优劣，而是让读者认识到建筑策划的多元认知，各种表述的提出者基于自己的经历、职业和实践过程的差异和所处社会环境的差异而形成的认知差异。

本书确定建筑策划定义为：建设项目投资决策的技术服务工作。清晰地表达投资业主的目标需求和思想，排解客观条件制约，探求公共利益、客体利益和投资主体利益相协调的策略性筹划过程及成果。

这一定义明确了工作的本质、工作的内容、工作的目的。

3.3　关于建筑策划决策的讨论

谁来进行建筑策划？谁主导建筑策划？谁人能参与建筑策划？这个问题需要讨论，是因为项目的建设会影响和涉及很多人乃至社会各方面，他们有权利发表意见建议、反映诉求，投资业主也想了解这些讯息，建筑策划师更想知道这些反应，因而业主、建筑策划师及利益相关者、城市管理方代表便构成了建筑策划的决策群。

建筑策划决策群是以建设项目投资业主、建筑策划师为核心，由公共利益代表者、相关利益群体代表、专家级建设项目的建设监管机构、支持机构等方面人士组成的合作群体。

建筑策划决策群确定采用"群体"而不是"团队"，是因为这一群体不是固定不变的，更不是始终一致参与的，而是随策划工作进展的需要在不同阶段参与其中不同形式的工作，在总体概念上为这一策划工作做出适当的贡献。

这一群体人士的组成应当是项目投资业主的权利和责任，包括在这一群体中起着极为重要作用的建筑策划师或者建筑策划机构都是由业主确定的。投资业主是整个建筑策划的最终决策者。建筑师或建筑策划师是建筑策划决策群的协调者。业主和建筑策划师是整个建筑策划决策群的核心。

建筑策划决策群既不是固定的机构，也不是某种定式的工作体，而是根据具体项目的具体情况而适时适宜确定的。但对于具体人士的遴选也有一定的要求，主要是看其信息能力、表述能力、责任态度和公正性。在各类型利益相关者中选择信息能力强（全面了解信息、信息量大、能判断信息真伪的人）、表述力强（能清晰表达、具有一定逻辑能力的人）、责任心强（愿意为做好事情而尽力的人）的和公正者（有正义感）作为群体组成者。

为了建筑策划工作顺利而有效率的展开，经常采用分层级的方法进行协商讨论研究，即"两方会商——多方协商——群体讨论"。两方会商是最经常也最主要的方式，参加者少至业主和建筑策划师，或增加经济师三人或三方代表及助手若干人。多方协商的参与人除业主和建筑策划师双方代表外也不是固定的，既不定时也不定人，而是随协商讨论的问题而确定。群体讨论是涉及项目全局的问题的讨论，但不产生结论，而是听取意见和建议。建筑策划决策群的群体层级的工作方法不是一般的组织机构概念，不能认为群体的决定是最高决议，相反，两方会商的决议才是最核心的决策，甚至投资业主的最终决策才是最为重要的。

由于建设项目涉及社会和城市公共利益、复杂的客体利益，无论投资业主还是建筑策划师都不会致公共利益、客体利益于不顾，片面地做出错误的决策。在建设项目投资主体多元化的市场经济背景下，投资业主的任何策划决策都是想如何在满足公共利益和客体利益的前提下顺利推进项目并获得适宜的经济效益，不存在触动公共利益和动用公共资本的问题，所以建筑策划决策群也无须具有此方面的能力。这是与全民资本投资建设项目的以可行性研究为核心的投资决策体系不同的本质性差别。

建筑策划决策群是一个统一完整的概念，它虽然是由各方面专家和各方面机构、人群的代表所组成的群体，但在策划论证中是为了一个共同的目标，从各自不同的专业角度、不同人群的视觉展开讨论研究，不存在立场的多元化，更不存在分列的多元的决策主体。

在建筑策划的策划研究和讨论中，各方面专家的专业见解、各方面机构的代表的部门认识应当阐述充分，并不排除对立意见的交锋，只有充分论证才能明辨是非，求得真见。但作为建筑策划决策群在问题决策和策划决策时是统一的，不可能是多向、多元的。不是少数服从多数，也不一定是有理者被采纳，而是决定性因素起作用，而这决定性因素的掌握者是投资业主。

3.4 关于建筑策划对象的讨论

建筑项目的实施所涉及的外界影响因素是十分广泛和复杂的，这些因素可归结为人、物和社会意识三大类。若将其细分即可以像美国威廉·M·培尼亚在《建筑项目策划指导手册——问题探查》^①中提出的分为人、行为活动、空间关系；基地、环境、质量；最初预算、运行成本、生命周期成本；历史、现实、未来共计 12 项；也可以像美国另一建筑策划家罗伯特·G·赫什伯格那样将这些信息按照人、环境、文化、技术、时间、经济、美学、安全 8 个价值要素方向划分；还可以像英国建筑策划先驱弗兰克·索尔兹伯里在《建筑的策划》^②书中提出的按照 FIDIC 条款和 RIBA 的程序编排的 13 列素材分项；当然还有日本建筑计划家们那样各具不同的分类分列方法。我国现代建筑策划的行家们也有自己的建筑策划对象的内容、分列、系统及研究。理论研究及方法是多样的，几乎各不相同，甚至没有类同。

由于建筑策划项目的地域、环境条件、建筑功能、市场环境、投资能力的不同，它们面临的环境制约点也会十分不同，不可能存在相同或类似的确定建筑策划对象的方法。所以世界各地产生的建筑策划对象的研究成果不具有可比性，也不存在优劣之分，只能用是否适宜去衡量。本书不提倡在建筑策划对象的问题研究方向深究或多花精力。

建筑项目从动意之初，建设投资人就有了建设目标的雏形。随建筑策划的展开和深入，这一建设目标会逐步清晰和明确，直至确立。确立的建设目标就是建筑策划工作努力的目标。与建设目标的实现相支持、相制约、相冲突的外界因素都会成为建筑策划的对象。

建设项目的实施所涉及的外界因素无非是人、物和非物化的社会意识三类。

有关"人"的对象信息可分为个体人的需求信息、族群人的需求信息及社会人的共性需求；

有关"物"的对象信息可分为自然环境方面、技术事物方面、经济方面、能源保障方面等；

"社会意识"的对象信息可分为法律法规方面、政治因素方面、风俗习俗方面、美学方面等。

每一个方面均会列出若干条目，是一个包罗万象的世界。在建设项目的建筑策划展开之前，我们无法预先列出策划对象的信息细目，只是随着项目建设目标的逐步清晰和确定，与目标相辅及相搏的外界影响因素也才慢慢显现出来，方才能有一个建筑策划的对象列表，而这也正是下一步建筑策划的任务。

由此可见，关于建筑策划的对象问题，不是事先划定的、不是人为预设的，也无法用某种标准和尺度设定在哪些范围、哪些问题。凡是与项目建设目标相辅或相搏的外界影响因素都可能成为建筑策划的对象。

---

① ［美］威廉·M·培尼亚&史蒂文·A·帕歇尔.建筑项目策划指导手册——问题探查，王晓京译.北京：中国建筑工业出版社，2010.

② ［英］弗兰克·索尔兹伯里.建筑的策划.冯萍译.北京：水利水电出版社，2005.

不同的建设项目，其建筑策划对象的范围广域度也很不同，可能简单到十几项，也可能达数十项、数百项。可能广域度窄但很难解决，也可能很宽泛但错综复杂。建筑策划对象问题没有定式、没有规律，因项目而异，信息的编排也应寻求适宜。

3.5　关于计算机辅助策划的讨论

计算机的出现、现代科技的发展无疑对建筑策划工作有极大帮助，在实况调查、对问题查询梳理、对研究目标进行客观分析等方面都能给予很大支持，并使工作更细微、更客观、更准确、更系统。过去在繁杂的问题海选梳理中不得不依靠的卡片、问题板从而退出了历史舞台。

现代科技成果另一个作用就是大数据对建筑策划的支撑，通过现代通信技术可以方便地获得所需要的与项目研究相关的信息，这些巨大的信息对我们判断项目的环境条件、市场前景、行业方向、技术支撑条件、投资资金额度要求等都具有一定的参考意义。我们虽不能简单地将网络上获得的有参考意义的信息简单地作为策划决策的依据，但这已经可以给建筑策划工作非常可贵的帮助和支持了。

在建筑策划工作中，尤其是曾经经历过的类似项目、同类型近类型项目或同地区项目等问题类同项目的策划，计算机辅助作用会发挥更大作用，曾经的研究成果改变新的外因或内因条件后能很方便地获得下一步的成果，省去不少重复性的过程。当这样的经验多到一定的程度，某种类型某个范畴的程序就会产生，从而更加促进建筑策划工作的推进。

建筑策划项目的类型差异、环境条件的优劣、投资模式的不同及所处市场的区别构成项目独特性特征，因而想编制一个程序去适用于多个项目的建筑策划是难以实现的。建筑策划是创造性工作，在解决探寻出的问题或矛盾时需要的是创意，而创意和创造性思维很难用既定的计算机程序来解决。

计算机程序软件是人编制的，它表达了编制者的思维逻辑，也体现了编制者对问题的认识和理解。如果建筑策划师认同编制人的观念和逻辑，采用其编制的程序去进行建筑策划则会是顺利而理想的，否则也会矛盾重重。更何况建筑策划的独特性特征使得编制普适性专用程序变得极为困难。

这里提出的是计算机辅助策划决策，而非计算机策划决策，就是这个原因。如同计算机辅助设计一样，计算机技术只是一种工具，设计也是创造性工作，计算机只能起到辅助之能，它能很好地协助建筑策划师做搜寻信息、整理归纳、按策划师的意图分类梳理等，但无法替代建筑策划师的创造性和策划决策。

由此，在讨论建筑策划定义、原理等问题时，将运用计算机等现代科技手段作为建筑策划的必备条件也是欠妥的，其实在计算机出现之前，就早已有建筑策划实践活动了。

3.6　建设影响因素的解析

3.6.1　城市公共利益的保护

工程建设项目是应城市和社会的需要而产生的，但工程建设又会给城市和社会带来种种负面影响，所以城市管理机构会制定种种法规、规定来限定工程建设过程和项目对外界的影响，这些制约反过来就成了工程建设的外界影响因素。

任何一项建设项目都会在建设之初去申请各类批准手续，有的需加盖百余个章，甚至更多。制约、限制会影响开发投资人设定目标的实现，错综复杂，千头万绪。

工程建设的外界约束因素可以解析为三大类，即城市公共利益、客体利益和本体利益。

3.6.2　城市公共利益的外界约束因素

所有维护城市公共利益的外界约束因素均会体现在以城市规划条件为核心的一系列限制条件中，包含控制性规划所确定的规划控制指标，也包含各有关政府职能部门制定的地方法规所确定的相关规定，它们分别从各个不同的角度在维护着城市的公共利益。

控制性详细规划的控制指标一般有用地性质、容积率、建筑后退距离、建筑限高、绿地率、出入口方位、机动车泊位等，这些指标维护了城市的布局（用地性质）、城市的容量、市政设施保障的可靠性及城市交通的秩序。控制性详细规划有些时候会提出导向性指标，也有些城市规划主管部门通过城市设计提出导向性指标，诸如建筑体量、建筑形态、风格、建筑色彩，还有建筑为城市提供公共空间等要求，这一类指标一般属于导向性，目的是维护城市的公共利益，应当认真研究对待，但它们与控制指标相比，有相当大的灵活性。

除去城市规划条件确定的制约因素外，城市建设各主管部门除依据各相关规范、法规外，还会制定各类条例、规定来限定建设中各方面行为，目的也是维护城市公共利益，如与公共安全相关的消防规范和各相关的水质保护、巡河道路、洪水疏通等方面的规定，与公共资源高效又公平利用相关的水、电、气等管理的制度，再如与公共环境质量相关的废水、废气排放规定和绿地设置各方面的规定。所有这一切法规、条例、规定，都与建设技术相关，也与城市的公共利益相关。试想，如果没有它们，城市会如何混乱。

城市的管理者们为了城市的整体利益和长远利益会认真严格地执行各类规定，并不断总结研究，适时出台新的相关规定。建设的投资者也应认真研究并遵循这些规定，认真维护城市公共利益，以获得建设项目的顺畅行进。

3.6.3　客体利益的解析

建设项目由于投资回报的方式不同，它们有不同形式的客体。但客体利益应当予以不同程度不同形式的满足，这是建筑策划的原则之一，如果连客体利益都得不到应有的尊重，那么建设投资便会陷入困境。

客体不单纯是商品性建筑的购房者、租赁性建筑的租房者，还包含着在建设过程中帮助建设实施的相关者、建成后维护建筑正常运行的机构。他们都是建设投资人的客体，为这项建设付出劳动和服务，甚至付出资金，在建设行为的增值中理应获得相应的回报。

客体，可分为终结客体、环境客体和过程客体。

1）终结客体

终结客体是建筑产品的最终主权拥有者和建筑产品使用者。他们是投资人的客户，是建设投资人最重视的外因，他们的需求意见对投资人极为重要，他们需求的满足是建筑策划的重要目的。

2）环境客体

环境客体是建筑产品间接享用者、邻居及建筑产品正常运行的相关保障人。建筑产品正常运行的相关保障人，包括自来水、电能、燃气供给、污水污物排放管理及执行人，安全保障、通信保障、交通保障、供应保障等方面的机构，都属于环境客体，他们也都有各自利益关注点和利益需求。

3）过程客体

过程客体是建设项目进行过程中的所有相助者，如银行、策划机构、设计机构、施工单位、安装单位、材料及设备供应保障机构、安全保护机构等。

对环境客体、过程客体合理的利益要求应当了解，尽力满足；对他们的核心价值利益点应当尊重。要清楚当地市场环境下相类似客体的利益水平，不以过分挤压利益的方式去赢得对方的合作，因为这种情况下的合作难以达到真诚和潜心尽力，受伤害的最终是建设投资者自身。

3.6.4　主体利益的最大化

综上所述进行外界利益群体分析后，会疑惑建设投资者利益最大化的出路何在？建筑策划的目的之一就是要追求建设投资者利益的最大化，只是这种利益最大化不应当以牺牲客体利益或削弱客体利益为代价，更不是以牺牲城市公共利益为代价。

主体利益的最大化主要体现是挖掘资源效益、充分利用资源并让其价值得以充分发挥，体现在建设项目上，让建筑产品提升品质、提升价值，并让所提升的品质和价值表现在营销成果上。

资源是一个广义的概念。

建设基地的区位条件是资源。区位条件本身的地理、交通、气候等特征利用得恰当，都可以转化为资源优势。城市中心位置是商业、办公、贸易的优势资源，而城市偏远位置是旅游、度假的优势资源；方便顺畅的交通是商贸业理想之处，而崎岖转折之处是离市避闹的静谧环境；宜人的气候是宜居之地，特殊的气候是猎奇之地。

基地和周边的景观条件是资源。江、河、湖、海是景观资源，山、岭、岗、丘是景观资源，森林、农田是景观资源，即便废弃地也有人文景观价值。喧闹的环境可成为景观，旷野的宁静也可成为景观。

政策法规的某些条文是资源。有的城市鼓励开发商创造公共户外空间，规定架空层不计入容积率，甚至为提供公共空间者奖励容积率。有的城市规定露台不计入面积。有的城市鼓励开发利用地下空间，创造敞开式地下空间。有的城市鼓励土地充分利用，规定行株距均 6m 的树下停车场仍可 100% 计为绿地……这些法规条文均是资源，发掘利用都会带来可观的效益。

清新的空气是资源，无垠的天空是资源，烈日是资源，雨水也是资源。地域历史是资源，先人足迹也是资源。

一个正确的资源观、一个敏感的资源观是建筑策划人的素养，要善于发现资源、挖掘资源，并充分地利用它的价值。

资源的充分利用一般来说不涉及公共利益，不伤害客体利益，因而不会违背前面讲过的原则。这里说的"一般来说"是指不采取过度开发有限物质资源的办法，如地下水的开发等，充分利用可再生能源。像太阳光能之类不因你的充分利用而损害了他人利益，是任何人都不反对的。这是应当提倡的事。

3.7　本章小结

本章就建筑策划的定义、策划决策、策划的对象等展开了讨论，既阐述了本书的观点和认识，同时也介绍了国内外相关研究成果。读者可以更全面地了解建筑策划，更准确地获得自己的认识。在此讨论的同时，本章还将建设项目的外界因素进行了公共利益、客体利益和投资业主本体利益的梳理，使以往错综复杂的对象因素有了可循规律，从而使策划工作的展开有理有序。

思考题

1. 通过学习，你可以获得一个自己对建筑策划的认识，它是什么？

2. 建设投资主体利益最大化在什么前提下是合理的？又有哪些途径呢？

第4章

建筑策划的步骤和工作内容

4.1　国内外建筑策划步骤的主要表述

各国各地建筑策划的程序都是沿着"明确目标——收集信息——寻查问题——策划概念——说明或策划报告"这样一个轨迹推进的，但具体步骤和方法却是因人而异、丰富多彩的。美国建筑策划先驱威廉·M·培尼亚在《建筑项目策划指导手册——问题探查》中提出五步法是最早的提法之一：①建立目标；②收集并分析相关事实；③提出并检验相关概念；④决定基本需求；⑤说明问题。他同时指出"这些步骤可以按照其他顺序展开，甚至可以同时进行——除了最后一步。"他提出的四项思考（功能、形式、经济、时间）和五个步骤构成了当时适用于美国的建筑策划基本方法并影响了相当长的时间。威廉·M·培尼亚的后继者们后来将建筑策划步骤发展成七步骤、十步骤，其实只是某些步骤的细化和分解，逻辑性并没有根本的改变。

美国的建筑策划最为发达，因而在建筑策划工作步骤和方法上也十分丰富。其实每个建筑策划师都可能有自己熟悉而应手的步骤和方法，但都遵循着在明确目标的基础上从了解各方面信息入手，分析、策划、评估或经反复而形成策略和方案，最终成文件。

英国弗兰克·索尔兹伯里在《建筑的策划》书中，将建筑策划分为四个步骤：①初始阶段，形成需求的刚要性说明，提供足够信息；②确定项目和场地的可行性，解决可行度及解困方案，设想成本，拟出初步计划；③设计草图大纲，确定策划书主要内容，确定建造方法，完成设计评估；④完成策划书，确定设计方案，调整成本计划。

日本的建筑计划类似于美英的建筑策划，但不完全等同。从现有资料上看，日本的建筑计划学侧重"人－环境"系统的计划与设计研究，以环境心理学、环境行为学为基础上，通过客观分析、实证和合理论证来确定对空间的具体量与质的要求，并延伸至对设计、实施、运营管理、评价、改善乃至改造等方面的事先设计。但未见到对投资决策的作用。

我国建筑策划发育较晚，在20世纪90年代初随我国市场经济的发育发展而兴起，至今不过25年，与美国威廉·M·培尼亚从事建筑策划20年后才写出第一本书的经历相比，我国在建筑策划理论研究方面，进展已经很快了，成果也十分丰富。

《建筑策划与设计》书中提出，建筑策划可以分为七个步骤，即目标设定、外部条件调查、内部条件调查、空间构想、技术构想、经济策划、报告拟定。

《建筑计划学》书中提出，建筑策划由四阶段构成，第一阶段为商业策划阶段，第二阶段为调查研究阶段，第三阶段为具体策划阶段，第四阶段为策划表达阶段。一般可归纳为以下几个步骤：①明确建模的目的和要求；②弄清模型中各要素及相互关系；③确定模型的结构；④表示模型中各要素的因果关系；⑤实验研究；⑥必要修改。

建筑策划的步骤和方法本就是多种多样的，只要能够恰当地运用各种工具、方法，组织适当的智力和专家资源，对外界信息有效研究从而获得可靠而理想的策划结果，就都是好的工作步骤。每个人的步骤和方法也许有自己的习惯、经验和技巧，别人也许不知。本书只作初步介绍，不主张对各步骤方法作优劣比较，更主张建筑策划师们在策划实践中创造适合项目情况又适合自己习惯的、顺手的步骤和方法。

随着科技的发展，建筑策划的技术工具和数据处理手段的不断进步，建筑策划的步骤和工作方法一定会更新和变化，所以步骤和方法并不是固定不变的。过去时代广泛使用的卡片筛选分析、棕色纸幕墙及问卷调查方法及今天的各种用于分析、比较、筛选、评价判断的计算机软件都是各自时代的产物，在讨论建筑策划基本原理如定义、策划对象和步骤时，并不涉及具体的工具和方法，不宜将现代科技手段加入到界定建筑策划的定义等基本概念中。科技还要发展，未来一定会出现更先进的方法和手段，所以讨论基本概念不宜与方法、手段交织在一起，这样不利于对基本原理的理解。

本书认为建筑策划工作不必有固定的模式，但应能包含目标的确立、信息的采集、问题点的寻找、策划创意构想及完善、策划书等环节。通常将建筑策划分为七个阶段：

（1）确立建设目标；

（2）现状调查与分析；

（3）问题寻找（客观条件与建设目标支持点和制约点的梳理研究）；

（4）策划创意构想；

（5）策划思想的完善；

（6）概念方案验证；

（7）编写策划书。

4.2　建设目标的确立

4.2.1　建设目标的分解

项目的建设目标是建设项目投资业主最早提出的，但由于投资业主并不一定具有建筑学的专业背景，建设目标的表述可能不专业、不规范，也许不准确或片面，偏离行业的要求，但最初的建设目标内容却是投资业主最关心也最在意的问题。建筑策划师应当认真倾听投资业主的表述，仔细理解业主关注的项目价值核心、最担心的风险点。在真正搞清楚投资业主的初始目标诉求后，记录并征得业主确认。此时业主方可能表示他们的想法仅供参考，这时需要对其中最核心内容反复强调。

建设目标应当分解为功能性目标、经济性目标、生态环境目标、影响力目标等，将投资业主的初始目标内容对应分解，对其中不明确、不清晰、不完善的部分与投资业主反复讨论确定。功能性目标包含：建筑物性质、规模、类型等，或能够细化出若干不同功能的分项规模；经济性目标包含：投资总额、单位面积建安费、投资回报方式和投资回报目标等；生态环境目标包括：绿色指标、绿地指标、水系指标及环境相关指标等；影响力目标包含：建筑物标识性、知名度、形象要求与艺术美感要求等。

功能性目标在建筑物性质、规模、类型确定的同时，对建筑的实用性、舒适性、安全性、健康性、持久性等可以给予具体的指标性要求或叙述说明，例如酒店的星级、医院的等级、住宅的类型等。经济性目标在确定主要投资和回报指标的同时，有条件时可细分为成本目标（建造成本、运营成本、维护成本等）、盈利目标视情况和可能也可细分。影响力目标在社会价值变化的时代进程中，也可与生态环境目标合一研究，相应增加绿色指标目标、环境生态目标，使环境生态与影响力相辅相成，以适应时代进步的要求。

建设目标分解的研究是对投资业主意图的理解过程，也是对建筑本身研究的过程，是建筑策划师与投资业主建立互信、真诚合作的开始。策划师应充分尊重和理解业主，帮助业主健全目标体系，在研究过程中认识和明确分项目标之间相互匹配和相互制约的关系，对于一时不能确定的目标可以搁置，随建筑策划的深入会逐渐明朗起来，再行补充。

建设目标确立后，一般不宜变更改动。世界上著名的策划案例的共同经验就是对建设目标始终不渝的坚持。我国古代大运河、长城和都江堰，外国迪士尼项目都是数十年坚持一个目标而最终获得成功的。

4.2.2　建设目标的科学制定

建设目标应由投资决策人或决策机构提出，他们基于对建设基地、建设区域各种信息的掌握，基于自身经济实力、财务能力的了解，基于对市场需求的敏感认识，产生建设目标的概念。

建设投资决策人应会同建筑策划机构就建设目标的概念展开研究。研究工作第一步是对已掌握信息的整理和不足信息的调查，根据确切真实的信息对建设目标概念进行细化研究。

根据市场需求、资源条件、城市规划限定及自身能力等综合确定功能性目标的各项细分目标；根据市场消费水平、市场需求量、同质物业竞争状态和自身财务条件确定经济性目标的各项细分目标；根据城市设计导向要求、城市的时尚氛围、同质建设项目的状况、环境条件的本身、项目的目标品质要求确定识别性目标。

建设目标的确定应本着实事求是、客观分析的原则进行研究，切勿不切实际地好高骛远。

4.2.3 建设目标的审视

民资投资与全民资本投资的出发点不完全相同。由于资本性质的差异，他们有各自不同的责任，所以产生不同的投资出发点。全民投资体现全民资本用于全民事业，视国民经济长远发展规划需求而投资，并且经全民资本的掌控机构决策；民资投资决策人忠诚于民资共有人利益，在国家和社会允许的领域内投资建设，并力争获得最好的经济效益，以回报民资拥有者。

二者投资出发点差异就构成了两类投资在建设投资决策时的不同思维，也就形成投资决策系统中最初阶段研究成果的不同价值取向（图4-1）。全民资本投资的项目建议书及批复文件是可行性研究工作的依据，一般不能轻易突破建设规模、标准和投资总额的限定；民营资本的建设项目投资机会研究成果是建筑策划工作的起因，但不视为限定性的依据，而应进一步进行建设目标的审视，从而确定科学适宜的建设目标。

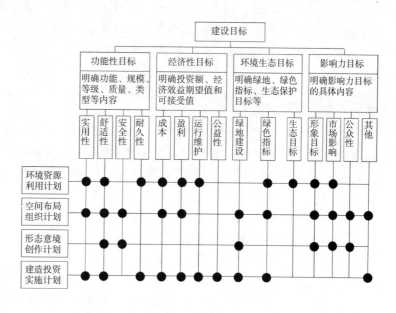

图4-1 建设目标审视因素关系图

建设目标的审视工作在充分理解投资人目标设想意图的基础上，通过调查市场需求和调查建设地的资源能力，研究分析以下问题：

（1）目标设想规模与市场需求是否匹配；

（2）目标的品质标准是否是市场的发展方向，并确定品质标准的内容；

（3）初步研究资源能力对目标实现的保障可能性；

（4）与投资人初步确定建设项目功能目标、品质目标、规模目标和投资额控制目标，有条件时还可包含建设的经济效益目标。

4.2.4　建设目标在建筑策划过程中的修正

建设目标是建筑策划研究的起因，为了实现既定目标而研究各种资源条件的不足和制约，并分类逐条梳理，然后逐一研究采取对策以求化解。但并不是所有矛盾和制约点都可以解决的，当无法调和解决时，建设目标的修正调整即是化解矛盾点的重要方法。

建设目标一旦确定，是不宜随意改变的，否则建筑策划会失去方向，失去它的作用和价值。

建设目标的修正不能随意变更目标的精髓和核心价值，而是调整其核心价值的表现方式或组成内容、组合方式等。

帕劳度假酒店策划初始时，投资商决心建一座帕劳一流酒店。经过调研发现基地无论在区位、环境还是用地规模方面都无法与既有两座酒店相比，相差甚远，开始怀疑帕劳一流酒店目标的正确性、客观性。经过与投资商的反复讨论，在深入分析研究两座既有一流酒店现状后，得出几点认识：既有的两座一流酒店客房空间偏小，不能达到度假酒店的舒适程度；两座酒店客房数偏少，难以称谓大酒店；两座酒店均为填海造地而为，少有高大古树，环境虽好，但缺乏历史感。据此分析，确定了一流酒店的目标，但作了适当的目标修正：不追求最大的用地规模，但有最多的客房，最宽敞的客房，最舒适的卫生间，最大的休闲阳台；没有最开阔的视野条件，但有最高大而古老的树林；没有多方向海岸，但有二战时期历史遗迹……以己之长，比人之短，可跻身于一流之列。

建设目标的经济性目标研究中，效益期望值宜建立在正常的经济环境背景基础上，而不宜采用最乐观的环境和数值作为目标，那将会有巨大风险。

1998年，在重庆溉澜溪片区经济效益分析时，已感到东南亚经济危机的影响即将过去，会带来另一个经济复兴的高潮，但在分析中一切数据仍是偏于保守的正常分析，事后的实际效益远远超出了预测。实践证实，成本分析较准确，而效益则远远超出预期。成本的准确说明经济分析做得严谨，也反映了刚刚恢复的经济未引起通货膨胀；而效益的成倍甚至成数倍的增长，则是房价非正常涨价的结果。实践确认了这样对待经济性目标的态度的正确性。

建设目标的调整。在建筑策划过程中，会逐步认识到资源及环境条件对目标实现的制约，也会逐步认识到投资成本控制及财务能力与实现目标的矛盾。在此两类矛盾展开的策划创意中，并非均能得以化解，最后可能通过适度调整目标，使策划的结论达到圆满。

目标的调整不是目标的放弃，也不能简单地理解为目标标准的降低。只要经过实事求是科学确定的目标是不应当随意改变的，但随研究工作的深入，对资源和环境条件了解的深入会发现资源条件的新限制，对建造成本的计算会发现超出预计，对经济效益的计算会发现预计目标偏于乐观，在这种或更多问题出现时需要回头审视已经确定的目标。

4.3　实况调查是建筑策划的基础

　　建筑策划是面向特定市场在特定地段特定空间里进行建设的策略性实施计划。因而对基地现状、实施能力、环境支持条件、建设后建筑产品的市场消化能力等各方面应有清晰准确的了解，才能做出一个切实可行又具创意的计划。这种清晰而准确的了解，它的前提就是实况调查。

　　首先要明确调查的原则、内容和方法。

4.3.1　调查的原则

　　实况调查的原则表现在"实况"二字，就是真实的状态。"真实"反映了现状的实情、实数、实景，可以用文字、数字、图片表达，让人们了解真实情况；"状态"反映被调查事物现阶段所处状态，是上升期、稳定期、波动期，还是落涨期，状态不一定能完全用当前数字讲明白，而要通过前后发展过程才能认识，所以有些问题的调查不仅需要对现状而且还要对过去做适当了解。

　　调查工作应当全面，尽量的全面。许多事物表露于外的往往是好的一面，典型的事例往往是成功的一面，如果调查工作仅在表面和局限于典型，那么调查的结果非常可能偏于乐观，不够全面。基于这种调查的策划就有可能走进误区。

　　调查工作应重视时效性。事物是发展多变的，调查工作切记要保证被调查事物时间的统一性，若干被调查事物在同一段时间的状态最利于分析问题。调查工作不宜拖延时间过长，对采用过时的调查成果宜补充验证，了解事物的变化情况。调查工作中的盲点不能主观臆测补充，不能以研究代替调查，宁缺不假。调查的材料不可能十分齐全，缺少的部分实在补充调查不到，就应明确"无调查结果"，相关参考资料也应具实表达，不能以假充真。在缺少调查材料的情况下，策划工作可以设想多种可能，而假象会误导策划。

4.3.2　实况调查的内容

　　依据建筑策划所涉及的现状资料，实态调查的内容可归结为4个方面。

　　1）建设基地的物理环境

　　包含建设基地所在城市的交通、人口、气候特征、城市的历史等，建设基地所在城市的区位、周边交通道路情况、建成建筑类型及规模、周边医疗教育商业资源，建设基地及周边地带的绿地、景观条件、日照及自然通风的环境条件、可被再利用的既存建筑物、构筑物及地景条件等。

　　2）建设基地的非物理环境

　　包含基地所在城市的经济发展状况、特色风貌、特色物产、城市规划、经济发展规划，基地区位在城市规划中的地位。

包含城市规划管理条件，鼓励和引资等政策，与基本建设投资相关的法规和规定，与建筑产品销售、租赁相关的具体规定等。

还包含基地所在城市建筑材料、建筑技术能力、新技术新材料推广力度和支持政策、建设成本、地方材料优势等。

3）建筑产品市场接受度

一般概念上，都认为这是最核心的调查，在建筑产品营销策划中最核心、最重要，甚至可以作为调查的全部；在建筑策划的调查中，它与其他调查内容同等重要。

这项调查包含建筑产品市场需求量、市场细分，建筑产品消费单元的规模，当地人的生活习惯及生活方式改变趋向，时尚生活动向及时尚生活参与者比例。还有产品消费者的收入状况、消费习惯及建筑产品消费支付能力。

建筑基地周边的建设投资情况，同质建筑产品建设情况和进度计划。建设基地周边人们生活的方便程度，生活设施的缺项、生活设施的档次等。

建设投资人拟建设的建筑类型在当地同类同质项目的情况，包含规模、档次、成本、特色、外观及构件材料、部件材料等信息。

4）建设投资人或开发企业的能力

建设投资人或开发企业的能力包含投入到拟建项目的资金计划，资金筹措方案，投资人及开发企业的企业性质、类型及企业运转方式，投资人及开发企业的建设经验、与拟建类型产品相同相近的建设经验，他们一贯的建设风格、建设优势、特色、代表作品的社会影响力、社会知名度，他们以往经验中的建设成本控制方法、市场推广策略、市场推广体系等。还包含建设投资人和开发企业的社会背景、社会资源的调动和运行能力、宣传手段、宣传力度等。

4.3.3　调查方法与调查途径

建筑策划的策划人或团队的主持人应当亲自参加实况调查。实况调查工作应当讲实效，但绝不可能一两天内完成，也不可能一两个人完成，调查工作的组织相当重要，建筑策划的主持人应亲自计划组织调查工作，并亲自参加其中最需要亲身感受的调查环节。

建设基地现状考察、周边物理环境调查、周边同质建筑产品调查、投资人和开发企业的建设经验、代表作品情况等调查环节都应当由主持人亲临，并组织策划参与者们亲临。

调查团队和策划团队不能完全分离，主要成员应当重叠。

调查方法区别不同调查内容可采用资料咨询的查询、亲临考察式、访问式调查等。其中访问式调查有很多形式，如一对一询问、座谈式、问卷式……访问式调查无论采取何种方式，事先都应依据我们希望获得的信息设计访问调查的问题询问表，以期达到访问目的。

建筑产品市场接受度的调查可采用消费者访问，尤其了解他们对同质项目的接受度、期望改进意见，同时听取推广者的介绍和解释。

由于时代与通信的技术进步，获取信息的手段已经进入信息技术时代，通信调查已经可以部分取代问卷式调查。因为网络获取信息的便利，许多关于建设基地的物理环境、非物理环境等信息均能迅速获得，使调查工作变得容易。调查方法和调查途径也会变得多种多样。

但是，值得重视的一点是不要因为容易获得各方面信息而忽视了实地考察和亲自调查。许多情况下，在实地考察和调查中，因为切身了解基地的资源潜力所在，产生了策划的创意；因为切身感受到购房交易过程中购房者的关注，启发了策划的思维。

4.3.4　调查材料的汇集与整理

这里讲的汇集、整理，不是研究，也不存在取舍。这时的态度是第一手资料的真实性。在汇集整理中是按类别（前面讲到的调查内容类别）分列，注明资料获取的渠道；将其中相矛盾的信息标注出，但不要主观取舍；在无法判断真伪时，应补充调查取证来证实情况的准确性。

汇集整理后，判断调查掌握的信息是否已足够或基本满足建筑策划的需要。

实况调查不是目的，不是建筑策划的全部，更不是结论。它是建筑策划工作的基础，是为建筑策划服务的，如果建筑策划工作可以开展了，满足要求了，即使调查得到的资讯尚有欠缺、不够完整，也不一定非要补齐不可，有些不足可以在策划研究过程中再行调查补充。

当有些情况调查不够充分，又与策划研究有关，补充调查的渠道不畅而无法获得理想的资讯时，在策划研究报告中应当阐明，提供给建设投资的决策者，在决策过程中考虑这种因素。

4.4　场地研究

4.4.1　场地研究是建筑策划中最重要的工作环节之一

不动产概念告诉我们，建筑物在不动产构成中是土地的附着物，土地才是不动产的主体。我们进行的工作是建筑策划，帮助开发商进行建设投资决策的分析工作，研究的对象不仅是建筑，建筑物的价值只是不动产价值的一部分或只是小部分，离开了它所依附的土地，也许它的价值不再提升，不再具有保值升值的基础。正因为场地或称为基地对建筑价值提升有如此大的作用，建筑策划就免不了要展开场地研究。

不动产的特性告诉我们，土地具有空间上的固定性、时间上的永存性、资源的有限性、空间方位的异质性、资源特征对不动产价值的特殊性等，这些特性说明了土地的区位条件、所处的环境条件及土地自身的资源特征在建筑物设计建造中的影响，尤其是建成后对不动产价值的影响是非常重要的。在建设投资决策时研究这些影响因素，对建筑物的设计、建造及以后的经营，都具有非常重要的意义。

相当一部分建设项目，它们的场地条件成为实现建设目标的障碍。从总体上看，建设目标受到场地条件的局限带有普遍性，只是这种局限的影响面大小不同而已，所以重视场地研究成了建筑策划的重要环节。

4.4.2　场地研究的主要内容

场地研究，亦称基地研究、基地分析。

场地研究包含场地的区位分析、场地环境分析、场地特征分析等，每项建筑策划不一定都按部就班地逐一展开研究，而是依据场地的实际情况有针对性地进行研究。对于常规的情况不必过多地花费时间与精力，而对于特别的场地区位、环境和场地特征则应当深入探究。

1）场地区位研究

场地区位的确定是项目选址阶段决定的。这个环节确定的项目场地是权衡了投资机会、市场和可能的用地选择的综合决定，不代表确定了的场地就一定无缺陷，所以仍要作研究和分析。有些项目选址时就已认识到场地的若干缺陷和不足，期待在策划的场地研究中设法解决。

场地区位是一个动态变化的空间概念，应当从时间的变化中去发现场地区位条件的变化、价值的变化。

区位分析一般从城市发展、交通条件、人口聚集、产业分布和市政保障等方面梳理出现状的优劣势和发展的未来前景，二者的差异就是机遇，而发展判断的滞后也许就是风险。在变化中区位价值差也正是建设投资的利润空间，建设投资的决策人往往会关注到这样的机会，建筑策划也会从这样的分析中得到启示。

曾经有一个城市郊区未来发展区在建设之初交通不便，但因风景优美且未来发展前景良好，开发商思考着等待还是立即启动？基于目前道路条件良好而公共交通不便，开发商决定尽早建设尽早占据市场，凡购房者赠送小汽车一辆，并免费教会驾驶；另增设与城市的免费交通车，解决近期时段的交通。这一项目取得了成功，因为它的区位分析对时间与发展分析得到位，对房屋销售价和未来升值的分析吸引了消费者，同时对消费者近期的担忧作了较稳妥的安排，且不受公共交通实现延迟的影响。

1989 年海口，城市规划已经明确了机场将在美兰镇兴建，某开发商先期在美兰镇旁购得 1500 亩土地，并投资开发建设。此时，美兰镇乃是海口远郊的小镇，冷清偏僻，交通不便，而且 1500 亩土地中有相当一部分土地是高低不平的杂草荒芜地，无人问津，因而工地转让费也较低。

在场地的区位分析时，其认识到未来的机场旁、镇边上的价值，认识到初始地价与未来价值的升值空间，坚定了及早投资建设的决心。但近期城市交通的欠缺使距城 26km 的距离成为障碍，那片高低不平的荒芜地也成了难题，经过开发商与策划师的反复研究，终于找到一个可行的方案：场地东北角高低不平的 20% 土地建设游乐场，用地中部 20% 土地建设园区中心，其余 60% 用地为产业用地和居住用地。优先建设游乐场和公园，免费向少年儿童开放，并开通从海口市中心至本园的免费交通车，为全市小学生和儿童服务。一切均为了让社会认识美兰，认识这个开发区。游乐园建成的当年，在市政府支持下，这里举办了正月十五换花节，人们乘免费交通车体验了这里景色的优美，体验了这里并不遥远，开发区从此广为人知。

场地区位和其条件是千差万别的，各有各的优劣，各有各的不同，应当深究其具体的特质，而不能简单地照搬别人的经验。

2）场地环境研究

场地环境是指场地的周边条件对场地发展的影响，包含着支撑性影响和制约性影响。一般情况下，会从交通、市政、景观、市场角度的产业聚集、产业竞争等各方面进行分析。

场地环境研究依据本场地建设目标的基础展开，不同的建设目标对相同的客观环境会有不同的认识结论。有的项目需要人流的聚集带来繁华，而有的项目则希望交通方便但又宁静；有的项目需要同质项目相聚而形成相辅相成的行业高地，而有的项目会尽力避开同质竞争的环境。

场地环境研究要了解周边空间的现状，也要了解周边的历史发展和未来，即时间上的变化。深入的调查是发现问题、解决问题的基础，许多现状是实地踏勘能解决的，而历史上的故事不一定能看得到，所以应询问调查。

1996 年晋江，马来西亚华人拿督回到福建家乡投资，获得了晋江市一滨海土地，在场地现场看到优美的海景、开阔的视野、方便的交通、临近城市的区位和完善的市政条件，还有少量的房屋，一切是那样的理想，好像专门准备的场所，拿督本人十分欣喜。规划设计完成报批，工地也已进入开工，其中一栋建筑已破土做基础，现场考察时提出：这个地方以前是做什么的？回答说曾经是台海两岸为了不可分离共识而展开广播宣传的广播站，大功率的广播发射从这里面向金门。再问这里有没有进行过电磁辐射检测，得到的回答是没有，"难道电磁辐射会影响环境吗？"说明没有人意识到这是一个环境问题，没有做过相应的工作，当然更不能怀疑当地政府对拿督的友好。

检测结果证实了疑惑，电磁辐射超标，不适合人的生活。另行变更了用地。这件事说明场地踏勘的重要性，同时也说明踏勘和研究时仔细分析研究的重要性。

3）场地特征研究

场地特征是对场地范围内的自然条件、资源现状的分析和研究。一般项目的建筑策划都会进行的地势走向、坡度、坡向等分析及既有树木植被、道路、建筑等现状分析，都属于场地特征研究范围。此处称为场地特征研究是在场地现状的一般性分析中，提倡对场地中特质条件特殊资源的发现性研究，找出对建设项目的品质提升、效益提升有重要支撑的资源条件，这会成为整个策划工作的创意基础。

1999年北京，西三环北路一块窄长用地，在征集建筑方案的过程中，按建筑策划的方法展开工作。

在场地研究中，对场地区位、场地环境、场地特征分别作了如下分析和研究。

（1）**场地区位**：城市主干道三环路内侧的稀缺土地，交通便利，基地成熟。这种区位会成为城市中稀缺的基地资源，应重视基地的价值。

（2）**场地环境**：基地位于紫竹院公园北侧，基地呈窄长条，长宽比达1∶7；南向视野开阔，景观秀丽，拥有皇家寺庙、御用水道等历史景观资源；北向是古庙和传统街区，也具有古城风貌。该地块是城市中历史环境的边缘，允许新建筑落脚的仅有地段，是公园中的居住用地，有极其珍贵的空间价值。

（3）**场地特征**：由于北侧临路南侧临湖的地势高差，造成较陡的坡地，但这一现状有可能成为地下空间自然采光的优势，也可能成为从低处进入地下空间的有利条件。窄长地形和开阔的视野有条件创造均衡无遮挡的高贵居住环境。

这些分析和研究确定了对此项目珍贵品质的定位，并充分利用了基地宽度资源，创造了较大户型、较大进深。南北双向优质景观的住区，使土地资源得到充分利用，达到最好的投资效益。场地研究的深入使策划方案赢得了业主的高度认可，成为当时北京的著名社区。

4.4.3 场地研究的步骤

场地研究一般分两步进行。第一步，在建设目标确定后，对照建设目标审视场地，会看到场地条件对建设目标的实现有着支持因素和制约因素，并应记录在案。其中的制约因素也正是建筑策划要搜寻的问题和矛盾点，是策划工作要研究的重点。第二步，在梳理问题和矛盾点后，进入创意和解决问题阶段，重新研究场地，发掘场地的环境资源和场地内在资源，研究制约因素的改造或回避方案，突破制约或缓解制约，获得实现建设目标的途径。

4.5 建筑策划的创意研究

4.5.1 探寻问题寻找着想点

创意构想是建筑策划的价值核心，它要解决现实条件与建筑目标不匹配、不相融甚至矛盾的问题，通常会采纳非常规或奇特的思维方法才能取得突破，这就是价值所在。

就建筑项目的本质来分析，建设业主通常是追求"利益最大化"，还有追求在同质项目中的"影响力"和"领导地位"，这种目标追求往往会超越现实条件的允许能力，造成建筑设计的困难甚至是难以逾越的困境。

作为投资人，提出了这些看似过分的要求是基于投资效益追求的经济规律，不足为奇，建筑师尤其建筑策划师首先不要抵触，应细细分析和理解其合理性。如果首先在思想上不认识目标的合理和必要，也就不可能努力发掘创意思维的能力，开启创意动力。

不能说所有过高的目标在创意思维后都能完满地满足，但通过潜心研究在目标的核心得到保证的前提下，会发觉适应现实条件进行目标修调的路径。世界上任何事物的发展轨迹都是适时适度妥协的结果，但这种结果也是建立在深刻研究之后。

大多数乍看起来建设目标与现实条件的矛盾，在深入研究之后，未必都是不可调和的矛盾，而是没有认识和发掘现实条件的潜力，一旦现实条件的潜力被发现、发掘或智慧地利用后，矛盾自然迎刃而解。

建设投资人追求利益最大化无可厚非，如果不追求利益最大化，那就不是好开发商，不是聪明的开发商。

利益最大化的表现是综合而全面的，不应当简单理解为建设量的多少，而应当表现为"多、快、好、省"。

"利益最大化"和"项目影响力"的追求往往是目标的核心，它们的具体表现反映在建设量的目标、品质的目标、形象的目标、成本的目标及与市场需求相吻合的目标上。现实环境条件是客观存在的，很难得到在各方面都完美的基础条件，而造成各种各样对实现目标的制约，这些制约点就是建设投资人在投资决策时的忧虑。

建筑策划就是要发现这些制约点、矛盾点，然后解决这些制约，使建设投资人在未实施建设前就能清晰地了解建设完成后在社会影响、环境品质、经济效益等方面的成果，便于决策。

所有建设投资人（机构）都是经济行家，大多能清晰地了解到他心目中设定目标的分量，同时能敏锐地感觉到现实条件的主要制约点，但不可能完全知道潜在的制约点，因而他们在决策时仍担心还有问题而不能果断决策。因而建筑策划的寻找目标与现实条件矛盾点的过程十分重要，在这一过程中寻找、梳理出数十条甚至更多的矛盾点，逐一评估解答，排除不形成制约的矛盾点，留下制约点转入下一轮创意阶段（表4-1）。

建设目标与现实条件矛盾点的找寻、分析、梳理及制约点的明确，整个过程应当有条理、清晰，具有科学性，让建设投资人（机构）排除担忧，利于决策。

4.5.2　创意是建筑策划的灵魂

建筑策划要在满足城市公共利益及客体利益的前提下为建设投资人创造尽可能大的投资收益和其他本体利益，是建筑策划的核心工作。因为城市公共利益的维护在某种程度上是对投资者本体利益的制约，客体

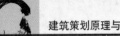
探寻问题汇总表　　　　　　　　　　　　　　　　　　　表 4—1

探寻问题（支持点与制约点） 策划研究对象	建设目标 建设目标分解	建设目标分解			
		功能性目标	经济性目标	环境生态目标	影响力目标
		·建筑项目功能类型、规模 ·功能空间细分要求 ·类型的等级要求 ·建筑面积要求 ·舒适性、健康性、安全性、持久性等特别要求	·投资总额控制 ·单位面积建安费 ·投资回报盈利模式 ·盈利目标 ·投资渠道	·绿地指标 ·绿色指标 ·节能指标 ·环境影响控制要求 ·相关环境特别要求	·建筑标识性或标志性 ·知名度 ·形象要求 ·同类型地位
人	市场的人（终结客体）的需求				
	族群人（环境客体）的需求				
	社会的人（无直接关系者）的需求				
	个体人的特殊性反映				
物	自然环境方面				
	技术保障事物方面				
	能源保障条件				
	投资能力方面				
	其他因素				
社会意识	法律法规范畴				
	风俗习惯范畴				
	美学认知范畴				
	政治因素范畴				

注：·根据确立建设目标和现状调查分析填写探寻问题表；

　　·实事求是填写，有则列入、无则空；分别标注支持点或制约点；

　　·对支持点、制约点分别研究，确定一般性的、关键性的，备以创意阶段解决。

利益与本体利益是一种博弈关系。客体利益的合理满足会限制本体利益的限度，而限制客体利益完全满足又会使项目顺利进展，在这种复杂的利益权衡关系中，必须要有一些对正常设计思路的突破。

建设项目的基地条件也一定是有利有弊的，要想策划出对投资者有利的项目实施方案，就应努力扬长避短，甚至化不利因素为有利因素。这种突破性思维需要创意，即使有利因素的利用，也有充分利用和欠充分之别。没有创意思维，是无法化害为利、化碍为顺、化险为夷的。

什么是创意？或者创意是什么？很难下一个确切的定义。

当创意作为一个名词的时候，如"这是一个很有价值的创意"，这里的创意可解释为有突破性价值的思维成果；当创意作为一个形容词的时候，如"这是一个很有创意的想法"，这里的创意是形容思维的创造性程度；当创意作为副词的时候，如"富有创意地思考"，这里的创意是表述思考行为的创造性。总之，创意是表述思维的，是与创造性、突破性相关联的思维。创意可表述为有创造性的思维成果、思维过程或思维方式等。

创意产生在建筑策划研究工作的过程之中，而不可能在研究工作之前。创意是在研究工作中当目标与现实条件发生冲突并在尖锐的矛盾冲突中寻求出路时才可能出现的。"可能出现"不是一定出现，当陷入矛盾冲突无法摆脱时，寻求出路、寻求方法的过程，正是创意可能产生的时刻。

广阔的知识面和丰富的实践经验是产生策划创意的素质基础。

具有开阔的视野、广阔的知识面、见多识广的人，当遇到复杂矛盾问题时，他们会从各个角度来审视问题，容易寻找到解决问题的突破口。丰富的知识面有助于他们将不同学科的知识融合起来解决问题。而两种以上不同学科的知识融合就是对常规思维的突破，就容易产生创新的成果。

有丰富实践经验的人积累了处理复杂矛盾的经验，在众多矛盾交织或复杂矛盾的研究中，曾经的历练会自动涌现于脑海，相近、相似的往事经历会启发新的方法产生，有助于问题和矛盾解决。

有丰富的经验又不局限于经验，不被经验所束缚，善于吸收新事物并勇于探索的人才是有创意能力的人。

见多识广又有广阔知识面的人中，善于观察、积极思考的人，往往在观察中引发联想，诱发创意，调动活跃的思维，是有创意能力的人。

联想、模拟、类比、替换、转化、逆向思维……都是创意可能产生的思维方法，但它们本身不是创意。建筑策划的创意没有特定的方法，也没有特定的模式和规律，而是针对着想展示的矛盾和问题展开的。有什么矛盾就设法解决什么矛盾，可能涉及空间、资源、结构体系、环境品质、形态等等问题，更多情况下是若干问题的综合解决，而非孤立的。

理论上，形态的创意不是孤立存在的。建筑不是纯艺术创作，尤其从建设投资的角度看，建筑是资本增值的载体，其艺术属性与其他支撑资本增值商品一样，别无特殊。只有特殊的建筑物，如纪念碑、城市标志等以形态为建设目标的建筑物，才会将形态列在最核心的创意点上。一般的建筑，资源利用、空间的创造、结构体系的创意常成为策划创意的主题，而形态则是它们综合后的逻辑性体现的结果，所以，建筑策划创意一般不是从形态入手的。

建筑策划之所以叫策划，是因为现实条件与建设目标存在差距，存在矛盾，资源未能得到充分发掘和充分利用时，现实条件的若干方面对既定目标的实现形成制约和限制，需要通过分析研究拿出办法化解这些矛盾，突破制约，使建设目标能顺利实现。创意是用智慧的方法达到这一目的，所以说创意是建筑策划的灵魂。

4.6 建筑策划书与方案验证

4.6.1 建筑策划书的作用

建筑策划书也称建筑策划报告，是建筑策划工作的成果文件。它是建筑策划逻辑思维过程的真实记录，为实现建设目标而展开的寻找着想点，到开展创意研究，再到矛盾化解直至落实于方案的过程，从中可以看到问题解决的逻辑性，从而坚定对其的信任度，利于作决策判断。

建筑策划书是项目建设的操作大纲。它对目标实现的制约有解决方法，理解了这个过程对开发商制定建设项目的实施计划有很好的引导和启示作用，使实施计划更具现实性，更能抓住要点。

建筑策划书所包含的概念方案是进行建设项目经济分析和财务分析的技术基础。根据概念方案和建筑策划书所提供的技术经济指标，方可做出切合实际的工程量数据和相应的经济分析，才可能做出供投资决策用的财务文件。

4.6.2 建筑策划书的内容

建筑策划书没有统一的格式，也不需要去规定统一的格式。因为建设项目的类型不同，各项目投资的方式、资金来源和回报的方式不同，各项目遇到的制约矛盾点千变万化，解决问题的途径更是繁多，很难有一个统一格式能让各项目表达清楚。

一般而言，建筑策划书应包含下列内容：

1）概述

简述建设项目的背景；

简述建设项目的功能、规模、建设地点，以及建设项目的社会作用及市场方向；

简述建设项目所在城市的概况、用地现状、周边环境条件；

简述开发商委托建筑策划工作的范围、建筑工作的目标要求。

2）市场调查与市场分析

说明对市场调查的方法、成果和资料来源；

说明对同质同类型建设项目调查的资料；

说明本类建筑使用者的消费能力、消费水平及消费者意见；

表述对市场咨询研究分析的结论。

3）关于建设目标的理解

对开发商确定的建设目标解读，领会他们的意图；

分析投资人利益回报的方式及盈利期望水平。

4）建设场地条件的分析与评价

分项分类列优劣势问题，分析对建设目标制约和矛盾的问题，同时对优势条件做出潜在能力的分析。

由此获得矛盾和问题列表，并依据其难易程度（矛盾尖锐程度）列出。

5）策划思想及创意研究

表达解决问题的思维逻辑性；

表达资源的研究及资源价值的充分利用；

表达问题解决的可信度，技术和经济的可行性。

6）验证方案

7）结论与建议

对于预计到的市场变化、基地条件变化及政策性变化，在建议中宜提出相应的市场应变策略。必要时，可单列应变策划的方案。

4.6.3 验证方案

建筑策划书中应包含概念方案。因为建筑师的语言是图，很多创意意图很难用文字叙述清楚，更难让投资人从文字表述中理解策划的意图。

在建筑策划方面，美国专家们相对比较专业，由于美国市场经济发育较为完善，市场经济发展的历史比较悠久，在较长的发展过程中，探索和反复实践使其建筑策划逐渐成熟起来。美国建筑策划已进入了专业化，受建设业主的委托或受建筑师的委托进行策划和咨询，他们一般按照目标设定、现状研究、现实条件对目标的支持和制约的分析、创意研究、策划成果这五大阶段展开工作，向委托方提供一份全面的策划报告。

一般情况下，美国的建筑策划不包含概念性方案，他们认为那是建筑师的事，建筑策划师不应该代替建筑师，不应该以自己的理解去束缚建筑师的创造。而且建筑师们也不喜欢别人有具体设计的引导，一定会提出自己的方案，避免在人家方案基础上去发展。建筑策划案在涉及建筑空间和形态上的研究建议上力求用抽象的概念去表述，避免过于具象的表达。

我国建筑策划并无统一或基本公认的模式。随市场经济发育发展，建筑策划也逐步发展起来，但由于交流和合作研究较少，一直处在分散而各自探索的状态。不同领域、不同背景的策划专家们分别探索形成不同的工作程序和方法，也各具特色各有其根源。

一般来说，我国委托建筑策划的开发商希望看到具象的概念方案，如果像美国多数策划案那样近似抽象的建议很难满足开发商的要求。

建筑策划的概念方案有3个作用：

（1）将创意落实在设计方案中，证明创意的可行、可靠、可实施；

（2）在落实创意设计亮点解决矛盾点的同时，及时发现次生矛盾点，并随时化解，一并解决；

（3）作为计算工程量的依据，作出准确的经济概算分析，便于投资决策。

建筑策划的概念方案，相似于建筑设计方案，但又有别于建筑设计方案。

概念方案应当较全面地表述策划研究的对象，应该包含科学而合理的用地总平面图。总平面图应能表达土地资源、空间资源、环境资源的充分利用，同时表达与周边环境协调的合理性，及城市规划上的合理性。

应包含表达建筑物整体形象的平、立、剖面图。尤其在关于策划创意所涉及的平、立、剖面的部位应清晰表达，并附加文字的说明，必要时应局部放大、详细说明。

应完整地表达建筑规模和场地有关工程的规模，不缺项，不漏项，以便在此基础上较准确地计算实际工作量，作出较准确的经济技术分析，以利决策。

在满足投资决策需要，满足对周边关系与市场适宜等的判断，满足经济财务分析等条件下，其他方面不必像建筑设计方案那样求全完整。

概念方案采用图文并茂的表达形式有利于让决策者理解和判断。

4.6.4 环境影响篇

当建设项目涉及环境问题时，应当单独列出环境影响篇章。多数发生在工业项目或环境敏感地区，但对于在特别的自然环境中进行原始性开发建设时，即便是无污染的民用项目开发，也应进行环境允许容量的研究，并做出环境影响报告。

一般而言，环境影响篇应委托具有相关专业资质的机构进行专项研究，但作为建筑策划师应当具有初步的基本判断能力。对场地的环境本底的调查、拟建项目的环境影响因素、可能对环境产生影响的污染因素以及避免和治理措施等应当具有初步判断，对其中主要风险点提出进一步工作建议。

2011年，柬埔寨西海岸的通岛（Tang，Koh）前期策划工作时，就遇到这样的课题。

通岛位于柬埔寨西海岸西哈努克湾外泰国湾海面上，面积约5km²，距西哈努克港约50km。通岛岛形如同2只五爪章鱼相连漂浮在海面上，是一座无固定居民的海岛，自然资源和自然环境非常优越。有茂密的树林，有溪水和湖泊，有兔、鸟、鼠等小动物，无大动物，有山岭沙滩，有海风无台风，无地震海啸史，是一个非常优美而宁静的海岛。

根据柬埔寨经济长远发展规划，通岛通过招商，由首相亲批租给俄罗斯人开发利用，租用期99年。开发商计划开发成世界旅游娱乐度假天堂，希望建酒店、度假村、赌场、别墅、医院、公寓、码头、游乐场……一个令人向往的乐园。

开发建设策划从环境容量研究入手，从通岛植被的 CO_2 吸收能力、供氧能力、淡水供应、海水自净等各方面探求海岛的环境容量，确定海岛的开发强度和合理布局，从而保护这一美丽的海岛在 99 年后归还给柬埔寨时依然美丽。

4.7 可行性研究与建筑策划

可行性研究与建筑策划都是建设项目科学程序中的重要环节，都是建设项目前期投资决策的技术基础工作，都起源于二次世界大战后的和平建设时期，并可以认为发源于美国。

20 世纪 30 年代美国田纳西河流域开发项目的程序由于在项目推进中，在提高项目投资效益、优化项目开发方案、顺利推进等方面起到重要作用，被后继者广泛推广，逐步形成一整套的科学程序，并成为各国项目投资决策的前期工作方法。可行性研究诞生后曾经历了四个发展阶段：

第一阶段主要是财务评价体系初步形成（19 世纪中至 20 世纪中），通过项目收支比较判断项目优劣，是简单的财务评价；第二阶段发展为微观和宏观双角度评价项目的经济效果（20 世纪 50 年代至 60 年代后期），评价项目效益与国民生产总值之间的关系，被世界银行和联合国工业发展组织所认同，广泛采用财务分析和经济分析两种方法进行项目投资决策；第三阶段称为社会分析（20 世纪 60 年代末兴起），把可行性研究和项目评价提高到新的高度，联合国工业发展组织组织编写了《项目评价准则》（1972 年）和《可行性研究编制手册》（1991 年），提出"财务分析－经济分析－社会分析"的评价方法，使可行性研究得到广泛普及；第四阶段从 20 世纪 80 年代以来，可行性研究理论向各专业领域渗透，与各专业交叉融合，使可行性研究在项目投资领域中对预测、风险、评估等方面都有丰硕的成果，积累了有效的经验，美、日等各国都有丰富的理论成果。

我国可行性研究的展开受苏联的影响很大，1952 年中央财政委员会颁发的《基本建设工作暂行管理办法》是新中国第一部关于基本建设程序和项目管理的法规，它规定基本建设程序划分为计划任务书、初步设计、组织施工、竣工验收四个阶段，技术经济分析是计划任务书工作的一部分，设计任务书是工程项目的决策依据。"一五"期间的 156 项都是采用了简单的静态的技术经济分析方法，对当时的项目投资决策和前期工作起到了积极作用。

20 世纪 80 年代，参照联合国工业发展组织的《工业可行性研究编制手册》，国家计委下文将可行性研究纳入基本建设程序，出版了一系列建设项目评价文件；20 世纪 90 年代至今，大量建设实践经验的积累丰富了可行性研究理论建设，《投资项目可行性研究指南》等一系列成果发布，使我国在建设项目的投资项目评价、经济效益定性预测、投资风险评估等方面都提高到一个新的高度。

由于美国在二战之后的建设高潮时代，就存在国家资本和民营资本共同参与社会建设投资，因而几乎同时产生了可行性研究和建筑策划两种建设前期投资决策方法。建筑策划的产生略晚于可行性研究，并且是发源于当时民营投资建设的最繁华地区。我国的现代建筑策划起步较晚，是因为我国的基本建设投资主体多元化出现很晚，在改革开放以前一直是全民资本投资，以可行性研究为核心的前期投资决策体系已满足了建设需要，因而不需要也不可能出现建筑策划。

当我国改革开放事业促进了基本建设投资主体多元化时代的到来时，建筑策划自然而然应运而生，并随这个时代发展而逐步健全起来，事物的产生、发育、成熟，都有其自然的规律，是社会经济发展的规律，不是几个人主观意识能推动的。

在建筑策划发育初期，每当讨论建筑策划时，总有人问：建筑策划与可行性研究有什么区别？

（1）作用不同，对象不同

可行性研究及报告，是国家基本建设程序的要求，发展商必须在这项工作中回答关于项目实施的必要性、现实性，对城市和地区经济发展的贡献，对城市和环境的正负面影响，对城市交通、市政、能源构成的压力及是否符合国家经济政策、经济效益等问题，求得各主管部门的支持，以获得审批。

建筑策划是项目投资商自身的需求，投资决策层通过建筑策划案认识到市场需求、资金需求及资金计划、盈利模式及收益率、客观条件的可行性及障碍的应对排除项目的风险等。建筑策划不需要任何机构的审批，也无需向社会公开，完全是投资人投资决策的技术文件。

（2）依据不同，结论不同

可行性研究对建筑投资机构提供各方审批技术文件的同时，也提供了一个或若干个实施的设想方案，并根据方案进行技术、经济、政策各方面的评价、论证，最终获得结论：可行或不可行。我们很少见到不可行结论的可研，是因为许多不可行在研究中途就撤出了，但的确存在不可行结论的可研报告。

建筑策划是依据市场、环境、法规、金融能力等客观条件，参考投资人建设目标提出的适宜条件的策划方案，进行技术、经济、政策、市场等方面的验证，确定一个可实施的方案，不应该提出不可行的实施案，它只有一种结论——可行的实施案。

（3）运行形态不同

可行性研究是非常理性的研究过程，遵循的依据、原则、环境条件、规模、资金条件等都是准确、清晰的，研究的过程逻辑性很强，结论也是具有权威的。在实施过程中一旦某些条件发生了变化，则可行性研究必须重新评价，重新审批。

建筑策划工作的全部成果对建设投资者而言，都是建设性建议，而非必须遵循的模式，建筑策划工作本身是科学的，有其自身的逻辑性，但它又有其创意浪漫的一面，并非刻板机械的，所以它的实施案是可以随客观条件变化而调整的。优秀的建筑策划还会预计到市场环境和经济条件的变化，预先提出变化后的应变方案，这是建筑策划的弹性优势所在。

（4）工作依据不同

可行性研究的工作依据是先前完成的项目建议书。批准后的项目建议书是可研的依据，可研应在项目建议书确定的原则下向广度、深度两个方向发展，但不能背离已确定的原则、规模、性质、总投资等主要指标。

建筑策划是建设项目前期工作，也可能有更前期的投资机会研究，也许没有。即使有机会研究的成果或投资决策层的意向目标，都将是建筑策划工作的参考基础，而不是不可改动的依据，建筑策划工作的依据只能是市场需求、客观条件和投资能力，而不是带有主观意识的决定。

（5）思维方式的差异

前面提到可行性研究整个过程都是理性的思维方式，一切都是逻辑性分析过程，即使关于市场因素，也要以统计的数据来说明问题。任何一项建设项目，最终都是为人所用、为人服务，而消费者心理以及人对环境和空间的感受却很难列入项目前期研究和决策的因素中。

建筑策划工作在客观调查的基础上，运用理性分析和创意思维交织的研究方法，重视人的主观感受和心理感受，让建筑空间、建筑布局更满足人的需要，让以人为主落到实处，也让投资建设的建筑产品更受欢迎。这就使建筑策划的科学性、技术性相关的理性思维与人文性相关的感性思维交织研究的成果为建设投资决策提供更好的基础。

讨论可行性研究与建筑策划的差异的目的不是强调二者的优劣，不是评价哪种方法更好，而是应当促使二者的融合。在美国，由于可行性研究与建筑策划先后差不多年代产生并同时服务于社会，人们已从长期的实践中认识到彼此的优势，并相互补充完善，使建设投资决策更加可靠，更加贴近实际，更加有生命力。

我国建筑策划工作兴起时间不长，发育尚不健全，也还不尽完善，需要在实践中结合我国国情提高和完善。在可行性研究工作中也应吸取建筑策划的好方法，引进建筑策划的人文性研究，引进其适应市场变化的弹性模式，引进克服条件限制的创意性思维方法，在可行性研究工作中开辟更多样化的工作方式，使国家有限的资源发挥更大的潜力。建筑策划工作要吸取可行性研究工作的科学性、技术性的严谨态度，对于目前大量存在的并不够科学的种种房地产前期策划纳入到严谨的技术性研究工作的范畴，吸收可研工作中技术逻辑性的工作方法，提升策划工作的技术含量，让建筑策划提供的成果真正成为可实施、能落地，既贴近市场又能发挥资源效益的优质策划成果，真正为建设投资决策提供可信赖的决策基础。

随着建设市场的完善，建筑策划事业的发展，可行性研究和建筑策划会在长期共存的过程中相互融合。本书所举的建筑策划实例，有的已经是以可行性研究的面目出现，融入了建筑策划的思维。二者相融结合的例子，相信今后会出现更多。

4.8 本章小结

本章是建筑策划原理与实务交叉相融的内容，介绍了国内外主要研究者提出的建筑策划步骤和展开方法，并结合在我国市场的需求归纳为"明确目标——收集信息——寻查问题——策划概念——策划报告——方案验证"的工作轨迹，主张适时适地的选择适当步骤和方法开展工作。同时对建设目标确立、实况调查、场地研究、建筑策划的创意研究、方案验证、建筑策划书等环节展开了讨论，提供了由经验凝结的建议。是本书实操内容最集中的章节。

思考题

1. 选一个设计课题，尝试着采用本书介绍的建筑策划步骤方法帮助解决一个问题。

第5章

不动产业知识

在人类社会经济发展中不断出现困扰和制约经济增长的种种问题，也都被人们逐一解决，并随经济、社会和科技的发展而消失，这些问题被经济学家们称为"一般性经济问题"。真正的困惑在于"特殊的经济问题"，它们与经济、社会的发展逆向变化，经济、社会的发展不是使其缓解，而是使其激化，这就是土地问题。从而社会经济发展最快的国家也最早开始了不动产问题研究。

英国 1909 年在剑桥大学组建不动产学科，到 20 世纪 90 年代已有21 所大学设置不动产学科。美国在 20 世纪中叶开始在大学设置不动产学，到世纪末设不动产学科的大学已占大学总数的 1/4，并产生不动产业协会和研究机构。韩国于 20 世纪 70 年代兴起不动产研究热，重视应用研究，涌现了不动产界最高研究机构"最高不动产管理者大学院"。日本由于国土资源狭小，也成为不动产业最为发达的国家之一，由于二战战败国的影响，不动产研究迟缓，曾一度造成国内经济的严重恶果，但从 20 世纪80 年代后不动产研究后来居上成为世界先进。

我国一直被"地大物博"安慰，直到改革开放，尤其是 20 世纪 90年代市场经济发育后，方才惊醒，认识到我们正面临一个迫切而严峻的课题。土地资源的浪费、耕地的减少、生态环境的恶化、沙化土地的扩张等立即引起国家和广大社会的重视，国土管理与研究、不动产业的研究随着市场经济的发育逐步展开。

从 1990 年国务院发布《城镇国有土地使用权出让和转让暂行条例》，到 2008 年《土地调查条例》出台的二十年间，我国土地使用管理经历了土地政策随市场经济发育、适应社会经济发展而循序渐进的过程，既参考了先进市场经济国家的成熟经验又考虑了我国土地国有制度的国情，建立起我国特色的土地制度和不动产业体系。

我国的不动产业研究与现代建筑策划，都是跟随市场经济发育而产生的，而且它们又有着直接的联系，在建筑策划研究和学习中如果隔离不动产概念显然是不明智的。

5.1 不动产基本概念与不动产特性

5.1.1 不动产基本概念

在人类社会发展过程中，随着社会经济发展，人们逐步意识到不动产对人类生存和生活的意义及作用，它是人类赖以生存的基本条件之一。

所谓"不动产"是相对"动产"概念而言，它具有不动的物理特性，不可移动，附属于地球上特定的空间方位。

土地及其之上的附属物均可成为不动产，没有附属物的空旷土地在未进行任何开发建设时可认为是自然物而非不动产。能称为"不动产"者是作为自然物的土地经过一定社会关系的复合并以法律形式固定下来后，方可成为"不动产"。这种被法律确认的法权关系是建立在经济关系基础上的，对自然物的土地进行开发建设的经济活动包含着建设这样的物化行为，也包含着非物化建设的种种开发行为，当这些经济活动达到某种社会公认的程度时，就会被法律确认其法权关系而成为"不动产"。

5.1.2 不动产的属性

不动产具有自然属性、社会属性、经济属性等。

自然属性：不动产的土地是自然物，因自然因素构成了不动产的差异和各自的特征，并会因为这些差异和特征形成不动产价值的不同。它的价值差异并不完全由于经济的因素而异，甚至主要不是因为经济因素。这就是不动产自然属性的意义。

不动产的自然属性由土地的位置、自然环境、气候条件、自然资源等决定，而这些不动物在成为不动产时形成了作为"产"的价值差异。

社会属性：法权关系是不动产的社会属性的体现，但不是说没有得到法律形式固定下来的不动产就不具有社会属性，那些在未被人们注意的偏远地区的不动产或尚未成为"产"的不动物，同样被社会和人群认可了它们的权属关系，因为它被权属人开发、建设、管理等社会活动介入或长期介入过。社会属性还包含着人们认识到这一自然物的价值。

经济属性：因为权属人或法权人对不动产曾经的经济活动，使不动产在形成"产"时有了经济属性。这里的经济活动包含了投资建设、开发，也包含了投入直接劳动（没有资金的投入）。使自然物逐步具有了社会属性和经济属性，比如关于对自然物的调研、宣传、计划等开发性活动。这些经济活动促进不动的自然物逐步转变为不动产。

5.1.3 不动产的特性

1）与自然属性相关的特性

（1）空间上的固定性。不动产的所有附属物均依附于土地，由于土地的不可移动而决定了不动产的不可移动。在不动产的法律认可文件中，也会将构成不动产的附属物在土地上的相对位置及规模一同记录在案，以体现不动产的固定性特征。

（2）时间上的永久性。土地上的附着物会因时间而使其使用价值逐渐消失，但作为不动产的母体的土地将永远存在，并不会丧失其使用价值，而且土地的经济价值还会随着连续投资建设再产生新效益。马克思、恩格斯在论述土地时曾说过："土地的优点是，各个连续的投资能够带来利益，而不会使以前的投资丧失作用。"我国目前正在重视建筑寿命短这种现象，努力制止那些随意拆除又重新建设的怪象，这些怪象怪事也正是地方政府与开发商认识到不动产的这一特性，并利用这一特性，获取连续投资带来的土地升值的利益，而忽视了对环境、对生态、对资源浪费的责任。同时，也应知道，土地使用价值的永存性并不表明其经济价值的永恒性，被荒废的矿区、村庄都是实例。它们的经济价值已趋于零，但当有投资人以智慧的开发激活之后，它的经济价值又会复苏，它曾经的历史投资甚至也会在新的经济价值中发挥作用。这种现象能存在，说明了不动产的土地使用价值的永恒性。

（3）**资源的有限性**。土地作为自然物，不可再生，土地资源的总量是有限的，与人类的经济活动发展需求相比，永远是紧缺的。也正因为这一特性的存在，不动产才会成为一种"产"，还会成为一种"产业"，如果土地是取之不尽，那会是完全另一种状态。

（4）**空间方位的异值性**。等量的土地、等量等质的附着物并不一定是相等的价值，因为作为不动产的母体，土地的空间方位的差异性决定了不动产的价值差异，也决定了相同资产的异值性。房地产业有句名言："第一是区位，第二是区位，第三还是区位"。

（5）**资源特征对不动产价值的制约性**。土地作为自然物，会表现出地形、地质、水文、气候等许多自然表象，这些自然表象可影响不动产价值。地形的平坦度、土质的状况、水利水患的情况及气候的有利和不利因素等都会对不动产价值产生直接影响，有些不单纯是用增加建设投资和技术手段能化解的弊病，有些又不是能用金钱可以买得到的优势资源。

2）**与经济属性相关的特性**

（1）**用途的多元性**。同样或相邻的土地，具有多种可能的用途，或具有混合性多种用途的兼容可能。（这里讲的多元性是指作为自然属性的土地对多元用途的适应能力，至于规划和法律上的允许在下文社会属性相关的特性中会讨论。）相对于其他资产而言，不动产的土地是财货资产中适用范围很宽广的一种，无论什么行业的投资者均会需要土地不动产来支持产业的扩大与发展。正因为这一特性使土地变得更加紧缺，不动产由此变得受更多资本市场的关注。

（2）**土地位置可置换性**。土地位置的可置换性是一种经济属性的特征，与不动产的空间方位固定性并不矛盾，它们是不同范畴的问题，不同的概念。因为可置换位置的特性使得不动产能够在经济活动中活跃起来，土地的权属者根据城市的发展、公共设施、规划布局、区域条件与自己的土地开发建设目标相比较，去选择更适宜、更方便、更经济的土地进行建设，促使土地的置换、转让、合作的交易，使不动产进入市场经济范畴，并成为最重要的商业交换行为之一。

（3）**经营的垄断性**。土地资源的有限性决定了土地的经营不能是自由交易，而是在多重监管条件下由社会特定组织管理的垄断经营。即使在自由经济的社会，这种土地经营也是在严格监管条件下的垄断经营，只是形式上的差别，本质上没有脱离垄断经营的本质。

（4）**不动产投资建设收益的增减性与开发强度的规律性关系。**无论哪一块土地在进行建设投资时都会客观存在一个因开发建设强度增大而使投资利润相应增大的现象，当达到某个开发强度时，投资利润率达到边际投资获利点后，再增加开发强度反而会使投资利润率递减。美国在市场经济发育初期的 1922 年，《全国不动产杂志》记载了在美国中西部地区某城市开展的一项研究：在价值 150 万美元的 160 英尺 × 172 英尺的土地上建 5 层楼，投资利润为 4.36%，建 10 层楼利润为 6%，建 15 层楼利润为 6.82%，建 20 层楼利润为 7.05%，达到边际投资获利点。再增加投资加大建设强度后，利润反而递减了，25 层时为 6.72%，30 层时为 5.65%。我国这么多年的开发建设也验证了这一事实，只是未见到详尽的研究数据。不同城市、不同地段、不同时期、不同性质的建筑，其边际投资获利点是不同的，但是客观上这个点一定存在。

3）与社会属性相关的特性

（1）**不动产的制度法规特性。**因为不动产的众多特性，使它在社会的经济活动中起到极其重要的作用，所以社会也一定会以各种制度、法律来制约和规定它的发展方向与发展轨迹，使它的发展处在健康、有序、可控的状态下，让它为社会经济的发展起到积极作用。无论哪个国家，无论怎样的社会制度，都毫无例外会制定适合自己国情的不动产制度，包括法律、政策和管理组织。这些制度不仅表现出不同国家、不同社会制度的差异，在同一国家的不同地区、不同时期、不同发展阶段，也会有相当大的差异。

（2）**土地权属的可分割性。**不动产的土地权属可分为所有权、使用权、享有权和处置权。在特定条件下，这些权利可以分割，并可以依法将部分转让给别的消费者或生产经营者。从法律意义上，我国所有土地的所有权属于国家，但可以将所有权中的使用权转让给土地上建筑物的所有者。《中华人民共和国城镇国有土地使用权出让和转让暂行条例》(国务院令第 55 号) 规定："国家按照所有权与使用权分离的原则，实行城镇国有土地使用权出让、转让制度"，"依照本条例的规定取得土地使用权的土地使用者，其使用权在使用年限内可以转让、出租、抵押或者用于其他经济活动，合作权益受国家法律保护"。正是这一特性的制度，推进了我国不动产产业的发育和发展，才有了今天的不动产业。

5.2 不动产业的作用及城市不动产业

5.2.1 不动产及不动产业在国民经济发展中的作用

1）不动产是国家财富的重要组成部分

无论哪个国家，无论社会制度和国家体制如何，在国家财富的构成中，土地及建筑物组成的不动产占据了重要部分。国家财富包含土地、矿藏、城乡建筑、交通和能源设施等不动产，其次是机器、设备等动产，其他货币、证券等是上述有形资产的"无形"表现形式，所以可以认为，不动产是国家财富最重要的来源。

2）不动产的发展会带来规模宏大的就业岗位

不动产的开发建设、销售经营涉及整个社会的各个方面、众多产业和居民生活的深处，产生了不动产相关的开发建设、前期咨询、施工、建材供应、建设过程服务、金融支持、税收管理、法律咨询服务、营销、租赁中介、装饰、家居行业、物业管理及服务等数十个行业，投资不动产的空间地域的固定特性决定了它所带来的就业机会是分散分布的，不会像其他行业的就业岗位那样集中在少数中心城市，这对社会和国家经济的均衡发展有积极意义。

在不动产开发建设带动的就业岗位中，会涉及智力劳动、体力劳动，涉及高技术产业和服务性产业，这是对社会经济全面性的带动。

不动产的发育发展对社会经济的带动和影响是全方位、多区域、各行业的全面带动。因此国际上在研究和衡量一个国家的经济走向时，也会对不动产活跃状态加以研究并以其活跃程度来表述这个国家或地区的经济发展趋势。

3）不动产是重要的投资领域

在国民经济发展中，构成生产力的各要素中，不动产是诸多要素中的重要因素，是最基本的投入要素。不动产投资在各国的国家投资总额中占有相当大的比重，在传统工业化时代，作为耐用生产资料的设备价值不太高的时代，建筑物及其依附的土地构成的不动产投资在国家投资总额中能占到 45%~48%；在现代化国家中，这一比重会有所下降，但也会是相当高的比重。

不动产投资还会引发投资反应链，带动建材、冶金、机械、化工、运输、电器、市政等数十个产业的发展和投资。因此，许多国家在国民经济疲软时期，会出台有效的刺激政策促进不动产的发展和投资，带动国家走出困境。

4）不动产税是政府的主要经济来源之一

作为国家机器的政府要为公民提供服务，保证公民生活的安全和健康，而政府的必要经费又来自于纳税人的缴税，公民的不动产不仅表达了公民的富裕程度，同时也表达了他所享受公共服务和公共保障的多少，所以不少国家采用不动产税的收入作为地方政府的主要财政收入，甚至以地方政府的年度财政支出总额来确定不动产税的税率，在财政支出压力不大的时候还会降低税率和减免对社会做出贡献的公民的不动产税。在这些国家，如果没有不动产税，地方政府几乎无法运转。同时不动产税也保障了公民不动产权益的永恒性。

5）不动产发展促进社会消费，从而活跃社会经济

无论对社会还是公民而言，不动产既是财富又是消费品。住房支出

占去家庭总支出的比例是相当可观的。人的生活概括说是衣、食、住、行，在四者中又以食与住为基本行为，经济学家们将"食"的支出占家庭总支出的比例称为"恩格尔系数"，将"住"的支出占家庭总支出的比值称为"施瓦贝系数"。美国（2011年）家庭税前平均收入为63685美元，年平均消费额为59705美元，其中住宅支出占33.8%，交通支出占16.7%，个人保险和退休金缴纳占10.9%，食品占13%，医疗保健占6.7%；在住房支出中，住房的分期付款和保险约占家庭总支出的20%~25%，水电气等支出占总支出的7%左右。

2011年，美国收入最低的20%家庭中，住房支出占家庭总支出的40%；收入最高的20%家庭中，住房支出占家庭总支出的19.9%；收入中等的20%家庭中，住房支出占家庭总支出的35.2%。

2011年是美国经济状况好转的年份，当年的支出情况有一定的代表性。可以看出住房支出在家庭总支出中占1/3是较为正常的支出比值，相当于家庭收入的30%（表5-1）。

支出比值表　　　　　　　　　　　　表5-1

	税前收入平均（美元）	总支出（美元）	住房占比（%）	交通占比（%）	食品占比（%）	养老金支出占比（%）
平均	63685	58705	33.8	16.7	13	10.9
收入最高的20%家庭	161292	94551	19.9	10.7	11.6	7.7
收入最低的20%家庭	9805	22001	40	15.2	16	2
收入中等的20%家庭	49190	42403	35.2	17.9	13.2	6.4

较多研究也认为当住房支出超过家庭收入30%时，中低收入家庭会"不堪重负"，是一种社会问题。哈佛大学住房研究联合中心两年一度的报告中显示，2014年美国2130万租房家庭的房屋开支占收入比例创纪录地超过了30%，其中有1140万户的房屋开支占收入比例超过50%。从这些情况看，将社会的家庭可支配收入总额的30%作为不动产消费是比较正常的经济常态。过低或过高的住房消费可能是经济过缓或过热的反映。

按全社会家庭收入的30%消费水平，不动产消费也是社会经济最重要的消费领域，而这一消费领域反映了社会经济健康均衡发展的状态，若不能维持这种状态则不是最佳的经济运行。由此可见，主观地遏制或人为地刺激不动产发展不是按经济规律办事的正确态度，会导致经济损失。

5.2.2　城市不动产业

不动产包括矿区、林区、乡村和城市等不同区域的不动产，城市不动产是与建筑策划关系最频繁最密切的部分，所以这里重点讨论城市不动产业。

城市不动产约可分为四类，即企业不动产、公共设施不动产、公共服务不动产和居住类不动产。

企业不动产是城市中企业的办公、服务、生产等功能的建筑、固定设施及其所依附的土地的合称。

公共设施不动产是城市中为全市提供电力、上下水、能源、通信、安全、交通运输等公共保障设施的公共性建筑、固定设施及其依附的土地的合称。

公共服务不动产是城市中为全市服务的政府、行政办公、医院、学校、文化机构、社区服务机构的服务性建筑、固定设施及其依附的土地的合称。

居住类不动产是城市中提供给居民的住宅及住宅密切配套的必要设施及其依附的土地的合称。

无论哪一类不动产均依附其法律认定的权属关系，能明确它的产权人或产权企业（产权机构）。

不动产在产权界定清晰的基础上，逐步走向商品化之后，便能形成不动产市场，才有了不动产业。不动产业包含了不动产开发、不动产建设、不动产金融、不动产咨询、不动产中介、不动产鉴定、不动产税收、不动产登记管理、不动产物业服务等一系列行业。所以，一座城市不动产业的建立和发展对这一城市的社会经济发展具有重要的促进作用。

由于不动产空间位置的固定性特性，决定了城市不动产业市场的地域性。这是与其他行业市场很不同的特点，所以这里讨论的城市不动产讲的是城市内的，同时也表达了相对局限于具体城市的概念，每个城市并不具有完全相同的市场规律。

5.2.3 城市不动产市场的特性

在城市不动产市场中存在完全竞争市场、垄断市场和不完全竞争的"垄断－竞争"市场的差别。每个不动产开发企业或开发者都设想能形成自己垄断或相对垄断的市场状态，因而我们要讨论和研究它们的差别所在。

完全竞争市场有以下几个条件：

（1）大量的较小卖者和买者存在的市场。任何卖者都知道自己提供的产品仅是总商品中的一小部分，他的产品量增减不会对市场供求关系造成大的影响。这种情况下，商品的交易价格是市场既定的，卖者是这个价格的被动接受者。

（2）同质产品。完全同质或相当的同质，产品可以替代和互换，才能形成完全竞争的市场。

（3）完全开放的信息。卖者、买者都知道整个市场的商品品质和价格，卖者相互间知晓各人的利润。

（4）自由地进入和退出竞争行列。生产者和卖者能够随产品的供求关系自由地选择进入和退出竞争，而不受其他因素的限制。

（5）长时间内，所有生产要素可以完全地流动。所有生产要素包含资本、人力、智力等均可互相流动或向外流动。

垄断市场则是另外一种极端情况，但是现实中完全竞争的市场和完全垄断的市场是不会存在的，或可认为是极罕见的，绝大多数情况下是一种不完全竞争状态的"垄断－垄断"市场。不动产业市场由于土地位置的差异、产品的多样化、产品规模不同、周边环境的差别等因素，是不可能产出同质产品的。因为土地的有限性也不可能存在足够多的卖者；因为不动产产品是单个设计而不是批量设计，也不能达到完全开放的信息，尤其不动产开发者因为土地开发权的限制不能自由地进退市场，所以城市不动产业的市场是一个"垄断－竞争"的市场，是一个处在垄断与竞争两种状态博弈中的动态的市场。

5.3　学习不动产知识后对建筑策划的思考

1）建筑物在不动产中是土地的附着物

在不动产概念中，建筑物是土地的附着物，建筑产品能成为商品并能增值是因为它附着在土地上，因为土地承载着建筑。

在我国，土地的所有权是国家的。曾经土地只能划拨使用，不能进入市场交易，在土地使用权不能商业转让的那个时代，建筑物的价值是逐年下降的。在任何机构、企业的年度经济报表中，作为固定资产的建筑物是逐年折旧的，并以比其设计寿命更短的年限逐步折旧至零价值。

随着不动产概念的建立、市场经济的发育，特别是土地所有权与使用权的分离，尤其是土地使用权可以商业化有偿使用、有偿转让后，建筑物的价值就开始逐渐升高，并随着土地的位置和城市不同而有着完全不同的升值幅度。

这种天翻地覆的变化并不是因为时代变化也不是因为住宅的市场化商品化进程的原因，最根本的是住宅、建筑物被认定为土地的附着物的原因。今天这个时代，同样是居住功能的房车、游艇，它们仍然是逐年贬值的。

随着不动产业的不断完善、健全，建筑物的价值比较也逐步与其和所在土地的密切程度发生了关系，比如别墅比多层住宅价值高，比高层住宅价值更高，而并不与建造成本发生直接关系。甚至可以预计在不动产法律健全的将来，今天少人问津的底层住宅未来可能比楼层住宅更具价值。

2）建筑基地的空间位置在不动产价值因素中极为重要

这一认识不能说以前没有，但是以往认识不充分，重视不足。

相同的建筑物建在不同的城市或建在同一城市的不同地段，它的价值是不同的，甚至会是非常不同的。建筑产品的价值基于空间位置的因素，远远大于它自身的品质因素，建筑的品质价值主要不是它的绝对性标准，而是它的品质与所在城市所在地域的适宜性。

在已经确定了建设基地的前提下，既有土地资源对建筑的支持及土地优势的发挥程度，对不动产价值的形成也是有相当作用的。这就是不动产土地的个别特征规律。既有土地的个别特征还表现在对不同功能建筑的支持和适宜度的不同，应当研究最适宜最能发挥其潜力的建筑类型，让土地的价值发挥到最充分。既有土地也一定具有劣势和欠缺，应当研究避开劣势或改造土地以弥补欠缺，追求不动产的最大价值。

这项工作是建筑策划中最重要的环节之一，即场地研究或称基地分析。

3）开发强度的确定是一个多因素综合研究的结果

土地的开发者在开发强度问题上时常纠结，而建筑策划人又无法以理性的分析结果告知，使开发强度成为一个无理的拍脑袋判断。开发强度是建筑策划工作中的建设目标，是最重要的工作依据，不能让整个建筑策划工作建立在一个感性认定的基础上。

不动产概念给了我们启发：开发强度由市场、城市规划法规、土地的临界利润点、开发商资金能力等因素综合确定。其中城市规划法规具有法律性质的强制性，一般情况下，它是一个单向限制的值，即限制最高容积率。

城市规划限制的最高容积率不一定是最适宜的，要看不动产市场的供求关系、市场需求，要看基地的最佳临界利润点，在综合三方面因素研究后可确定适时适宜的开发强度。这个理想开发强度大于城市规划容积率时可与城市规划管理机构申请适调，申请无果时应严格遵守，按规划的容积率执行；当研究的理想开发强度小于城市规划容积率时，宜按较小的容积率进行建设，预留发展的空间，待不动产市场的供求关系变化后再行扩建。但如果扩建带来的投入产出不适宜时，则应另行研究。

关于开发强度的适时变化，笔者经常以北京国贸为例讲述，这也是不动产时间上永久性和资源有限性的反映。北京国贸位于大北窑地区，其用地原为北京金属结构厂厂址，在 20 世纪 80 年代国贸建设时采用了当时那地段最大密度最大容积率的方案，建成后成为北京最繁华的标志区域；大约 10 年后大北窑地区已成北京最繁华的区域，周边地块建设强度逐步增大时，国贸启动了二期扩建，国贸二期的建成，提升了整个国贸基地的容积率，但未感到扩建二期的拥挤；大约又过了 10 年，大北窑地区被确定为北京的 CBD，新的规划大多提升了土地的利用率，开发强度较大幅度的提升，国贸展开了三期开发研究，并最终实现了国贸三期建设成为北京新地标。再看新国贸，未感到三期的拥挤和不协调，回想 20 年前的国贸，也未感到当时的空旷，这就是建设之初建筑策划的成功。（笔者 20 世纪 80 年代在机械部设计总院工作，参与了早期北京金属结构厂土地开发及国贸建设期监理工作的配合，后期介入了三期开发的交通论证等前期研究，对国贸的发展和开发强度的适时变化体会深刻，也从中理解了初期策划者的远见思维。）

4）不动产市场的地域性确定了不动产建筑策划案的非普遍意义

前面提到的城市不动产业，可以表达不动产市场是以地区空间为限的市场，它的地域性表现在孤立的产品供求关系、特定的价格体系、限定的消费人群及与区域、气候、生活习惯相关的产品品质要求。没有放之四海而皆准的普遍性建筑策划案，曾经的经验未必能适应新的城市和新的市场。

对区域、城市的自然、交通、市场、风俗、文化、习惯、经济、消费能力等的研究分析显得更为重要，建筑策划人对生疏环境的探索能力和第一次的研究能力比经验更重要。

建筑策划工作的前期实地调研十分重要，调研工作并不是局限在市场的供求关系和价格方面，而应当是全面的调查研究。其中应特别重视区域性不动产市场形成状态和市场容量，已有和能预计到的投放量与需求量的比较，切忌以主观的想象去代替客观的现实，科学地分析当地区域经济发展与消费能力水平，需求与消费能力的结合才能形成市场。避免过于乐观的区域市场认识，避免错误引导投资决策。

5）智慧策划，增加策划案的产品优势，提升产品在市场运行中的竞争能力

当认识到不动产业市场是一个不完全竞争状态的"垄断–竞争"市场时，就应当努力创造产品的市场竞争力。构筑垄断的能力，占领市场。前面讲述的完全竞争市场形成的 5 个条件正是策划工作努力避免的要点，创造出有垄断点的产品，取得市场上的主动。

在市场容量能接收的前提下，争取较大规模的开发量，从而获得市场的主动权，并尽早投放市场，防止同业者的进入，或对同业者进入造成压力；避免与同业者的同质产品，努力创造独特产品占领市场，尤其要利用基地的优势条件创造出同行者难于仿造的优势产品，形成垄断性；重视产品信息的保密和专用技术的保护，尤其在产品投放市场前重视宣传推广与保护信息的关系；防止从业员工的外流；采取各种措施，避免市场上自由竞争局面的形成，努力构筑有垄断优势的局面。

6）根据不动产土地的用途多元性特性，建筑策划可以采用功能适宜置换方法回避市场风险

不动产开发是面向市场的，而市场是变化莫测的，因而客观上存在着风险。建筑策划对于三、四线城市不动产市场，不稳定、不太健全的市场，以及刚刚形成还在发育过程中的市场，应当考虑开发规模不宜偏大，或分期实施，或产品类型多样性和产品类型的功能置换可能性，以备在市场变化时回避风险。

1991 年安徽某开发商在合肥市区杏花公园旁获得一块土地，计划建造百米双塔建筑，业主经市场调研后计划一座为写字楼，一座为公寓，在策划过程中总觉得当时合肥的消费水平还不可能接受高层公寓的物业产品，但对业主已确定开发目标无法否决的情况下，进行了公寓与酒店客房楼的互换性策划，并按公寓进行了设计。当建筑物施工到一半以上高度时，业主开始了预售，结果正如笔者预测的情况，高层公寓昂贵的价格不被市场接受，业主方经研究决定改为酒店，并问询能否修改设计，过去将公寓、酒店互换策划发给过业主但未引起他们的注意，此时再发过去策划案获得了业主的赞扬与肯定，很快修改落实，并未延误施工，功能转换的策划在市场的运行中获得了主动。

5.4　不动产市场对建筑策划的启发

资本主义国家以其市场经济发育背景，很早就展开了不动产学科研究，并以研究成果指导其不动产市场的运行和管理。英、美、日、韩很多大学都设有不动产学科，也有不动产管理学院和相关或专门的协会。许多不动产政策理论、法律理论、开发管理理论、鉴定评价体系等都相当健全。

我国改革开放以来，逐步认识到不动产在国民经济发展中的作用和地位，探索出最基本的不动产土地使用权商品化的道路，其实资本主义土地商品化理论的主要起因是土地租用制度，而不是土地的私有制度，所以土地使用权商品化未涉及土地所有权问题。随着土地使用权商品化，土地上附属品建筑等也自然进入了商品流通市场，不动产的价值便通过交换价格而体现出来。

近期国家将展开不动产登记，这将进一步推进经济体制的改革。登记中的不动产未记载不动产有效使用年限，也将使土地有条件延续使用成为可能，从而体现出不动产价值的提升。

不动产中的建筑附属于不动产主体土地，不动产投资者在投资决策中非常关注通过"土地 + 建筑"的开发获得综合效益回报，而非单一的建筑开发的效益回报。由此可见，在建筑设计尤其是在前期的建筑策划中，将土地及其上部附属物一并综合策划的重要性。

根据前面讲的不动产经济属性分析，我们可以认识到：

（1）土地资源的利用。土地上部空间、土地下部空间都是资源，土地上的地表既有附属物（如植被、水系、既有建筑等）都有可能成为可利用的资源。

（2）土地环境条件的改变是土地增值的潜在推力，策划可以预测到未来的发展前景，并可能予以适时适情的发展、扩容，而获得更高的价值。

（3）土地环境的有利因素应予以发现和发掘，并设法在策划中借力利用，为提升不动产价值提升服务。

（4）在对周边环境调查研究的基础上，研究分析本地块的资源独特性，发掘地域范围的垄断优势，创造更高价值的不动产。

5.5 本章小结

本章讲述了不动产基本概念、不动产的特性、不动产的社会经济作用及城市不动产业等不动产最基本的知识，同时讲述了不动产对建筑策划影响的思考。从一名建筑师转身为建筑策划师，增强经济观念和以土地为核心的资源观念是十分重要的。不动产知识的补充不仅对学习建筑策划很重要，对从事建筑设计也具有重要意义。

思考题

1. 学习不动产知识后对你有哪些启发？你思考建筑设计会有什么变化？

第6章

建设投资角度的建筑分类

建筑应社会经济的发展需要而产生。任何建筑都有投资人或投资主体，而任何投资人在做建筑投资决策时都会关心投资的盈利模式和投入产出比，极其关心投资的效果。虽然建设投资行为除经济效益外，还会有其他相关的收益因素，但投资的经济回报一定是最重要最关键的。所以，研究建设投资角度的建筑分类是非常重要的问题。截至目前尚未见有这一角度的建筑分类研究，在建筑策划研究深入到一定程度的时候，这一课题自然而然地浮现在眼前，必须介入这一问题。

本章提出的建设投资角度将建筑分类为：商品性建筑、经营性建筑、租赁性建筑、自持自用建筑和公益性建筑五类。每类建筑以其功能的差别、消费者的不同又会细分各不相同的小类型，但它们在投资和投资盈利模式上是大同小异的，故本书不再细分研究，而是取其中某一类型为代表物业来进行其特性的分析。

本章按分类建筑的建筑概念、特性及建筑策划要点分别进行讨论。

建设投资角度的建筑分类研究有助于我们深刻地认识建筑的经济属性，从经济这一本质角度去思考建设行为，认识建筑。从而准确地把握在建筑策划中利用建筑的其他属性领域的策略为其经济属性的目标服务，最终达到建设投资的初衷。

6.1 建筑产品是资本增值的载体

世人的建筑价值观是不同的，不同职业的人、不同社会经历的人会有很不相同的认识。历史学家会认为建筑是记载历史的史书，社会学家会认为建筑是社会的缩影，艺术家认为建筑可以成为艺术品，居民认为建筑就是住人的房子，经济学者们会把建筑看成经济发展趋势的标杆，建设投资人会把建筑看成是资本增值的载体……将所有这些看法综合在一起来认识建筑的人是建筑师。

对建设投资者而言，建筑或建筑产品与其他投资产生的物品一样，是投资者资本增值的载体。如果通过商品制造、疏通、商贸等环节达到资本增值的目的，那么这样的建筑产品就是商品，它就具有商品的特性。当然，作为投资人，无论采用哪种物件作为资本增值的载体，他都应当了解这种物件本身的特性，了解它的制造和商务规律，所以当建筑或建筑产品作为资本增值的载体时，不应当忽视和抹杀它的建筑属性，相反应当尊重它的建筑性，了解并努力把这个建筑做好，使它成为一个好建筑、好商品、好的资本增值载体，使投资目标得以实现。

基于上述这种认识和现实，我们无法摆脱社会经济发展至今形成的客观存在。投资人也并非都是有经验的建设投资人，许多投资人原来在别的领域投资，看到中国当下建筑产品社会需求的旺盛及建设投资的高回报而改行进入，进入后从挫折中发现建筑产品投资事业的专业技术性很强，才开始关注建筑策划和加强投资决策，进而结识建筑策划师。

作为建筑师，并不情愿认可建筑或建筑产品是投资人资本增值的载体这句话，但这已成为当今社会经济的现实。

社会经济发展促进了社会分工，促使很多物品逐步走向专门制造、专业销售或商品化，从产品走向商品是社会经济发展的必然结果，建筑产品也不例外。当建筑物成为商品的时候，"投资决策—设计—制作建造—建筑产品—建筑商品—消费者"的这个过程就不再是建筑师个人能主宰的了，应当依据资本增值的规律和投资运行的规律，研究建筑策划，让建设的技术要求、科学规律与投资运行的规律相结合，促进建设投资事业的科学发展。

6.2　建设投资角度的建筑分类

建筑的分类方法很多，都是从不同视角去看建筑并将其分类，从建设投资角度将建筑分类尚未发现，但若要从投资角度去研究建筑，首先应当依据投资的目的性和增值模式将建筑分类。

1）商品性建筑

商品性建筑是将建筑产品转化为商品，销售给需要的消费者。商品性建筑同其他商品一样以销售回报建设的投资并获得利润。

商品性建筑的开发商、投资人不是建筑产品的最终业主（持有人），所有建造过程的参与者包括建筑策划师、建筑设计师、营造商和建造者等都不是与真正的产品主人打交道，是与它真正主人的代理者打交道，而这个代理者反而是建造过程的权威决策者。

2）经营性建筑

建设投资不是以产品销售来获得回报，而是将建造的建筑产品作为资本再投资到新的产业之中，通过新的产业经营获得回报，实现资本增值。

这类建筑如旅社、宾馆、自主经营的旅游地产、自主经营的商店等。

这类建筑的建设投资人也是建筑产品的未来主人，他们不仅关心建造过程的细节，同时关注再投资过程的风险和细节。建筑师面对的投资决策者是双重角色。

3）租赁性建筑

建设投资的回报和资本增值不是一次销售来实现，而是长期持有状态下逐步租赁缓慢实现的。这样能长期获利并长久拥有主权。不改变投资的形式，所以也不存在再行投资。

这类建筑的建设投资人是建筑产品的持有人，但不是使用者。他们不仅关心建筑的建设成本，也关心建筑的运营管理成本。

4）自持自用建筑

建设投资者自己使用的建筑，如自己的办公楼，自己的工厂。

投资者若是以建设投资为主的投资人，常常会以自用建筑为主带动一个租赁建筑成为一组开发建设项目。当作为双重性质的项目时，策划会有双重需求性质的影响因素。

大多数自用建筑的投资者并不是以建筑投资为主业的投资人，他们日常从事其他制造业的投资或其他行业的投资，很可能不了解不懂得建设投资的规律；而建筑师也可能对他们所投资的自用建筑功能缺乏了解和认识，这种情况下切勿想当然自作主张开展策划，应加强调查，调查是建筑策划的基础，基础工作做扎实了，策划便能顺利展开。

5）公益性建筑

公益性建筑又有很多类型。如政府资助型：学校、幼儿园、老人社区、烈士纪念馆、少年宫、博物馆（多综合性博物馆）。又如社会捐助型：如希望小学、事件纪念馆、灾民新住区、医院、福利院。再如行业资助型：专业（行业）博物馆……

这类建筑的建设投资不是讲投资的直接回报和资本的直接增值，但不等于不讲资本运行。任何资助人都要求看到资本投入的社会效益，这种社会效益会在未来和其他时空里转化为经济效益。

所以，这类建设成本的控制、社会影响程度、社会影响时效性都是建设出资人十分关注的。建设出资人不一定是建设的实施组织者，但他们很关心建设的细节，所以这类建筑的策划便成了投资决策的重要环节，会更被出资人重视。

研究建设投资角度的建筑分类方法，是为了搞清楚建设投资的目的和投资决策的关注点，这样才能把建筑策划工作做到位，真正起到建设投资决策的基础性作用，提高建筑策划研究的质量。

6.3 商品性建筑

6.3.1 商品性建筑的特性

它既是建筑物，又是商品。它既有建筑（物）的应有属性，如讲究环境条件，重视使用功能，重视建造成本与质量关系的权衡，注意形态的美观等；又有商品的属性，如商品价格与消费者消费能力的关系，文化对商品附加值的影响，商品的基本使用价值与时尚使用价值的关系，商品的耐久性，商品的性价比等。

商品性建筑与其他商品相比，有其自身的特性，主要是：

1）商品性建筑是不可移动的商品

因为是不可移动的商品，它对它所依附的场所环境依赖性很大。离开它所处场所就会无法运行、无法使用，会丧失它的功能价值。

地产界有句名言，房地产的要点第一是区位，第二仍是区位，第三还是区位。因为商品性建筑依附于它所在地理位置决定了它的价值。这里所讲的3个层次的区位不是简单的重复强调，不是语言角度的重视或唯一性的重视，而是指3个层面的区位概念。第一个区位是指宏观区位，不同城市不同地域的同类商品性建筑，因为经济发达程度、自然资源条件、社会文明程度和文化差异造成价值有别，甚至千差万别；第二个区位是指中观区位，同一城市不同区段的同类商品性建筑，因为交通条件、公共设施配置条件、环境条件及与到城市中心距离的不同而使价值不同，甚至会数倍之差；第三个区别是指微观区位，同一区段乃至同一地块中的同类商品性建筑，因为朝向方位条件、周边地段条件、通风采光条件和景观条件的不同而使其价值不同。

所以在投资决策之初，对场所环境条件调查和研究十分必要。

2）商品性建筑是需要城市全寿命期予以支撑保障的商品

这种商品依赖于城市公共设施保障系统，如供水、供电、热力、燃气、通信、交通、排污等各方面的保障，否则商品性建筑难以运行使用，会使其价值下降，甚至完全丧失。

商品性建筑某种意义上不是独立的商品，所以它的价值不完全体现在商品自身的品质上，甚至主要不体现在商品自身品质上。

商品性建筑的使用运行保障系统体现了它的品质，因而健全它的保障系统是提高品质的重要手段。保障系统包含建筑本身的机电设施的可靠性，还包括城市和区域市政系统的可靠、完善及管理水平。

3）商品性建筑是大宗商品，是消费者一生消费行为中最重要的商品

正因为如此，商品性建筑非常重视建筑商品总价格与消费者消费能力的权衡，满足居住或其他使用功能的要求和公摊面积的比例权衡，提高商品建筑品质和降低建造成本的权衡。

商品性建筑作为商品，也具有商品的特性。商品的特性不能一一表达清楚，但有一些可以借用在商品性建筑上，这里作一些简单叙述。

商品除去本身的使用价值外，还可以借用文化附于商品上产生附加值。如情人节的巧克力加上情话的包装纸会使巧克力身价翻倍或翻数倍，又如母亲节的康乃馨花束加上敬母的语条便格外贵重，再如寺庙中售出的信物能比其本身实价高出数倍。看不见的文化因素使商品价格剧增。

商品在讲究使用价值的同时，还讲究外表美，但不会为了外表美而降低或舍弃使用价值。这也是商品不同于艺术品之处。

商品性建筑也是如此，结合使用功能产生的外表美的形态是有生命力的，为了美的形态而牺牲使用价值的做法不符合商品性建筑的价值规律。

一般商品都有寿命，并随其寿命的延续逐步丧失价值，价格也随之降低。但也有一些达到一定品质和附有文化内涵的商品非但不丧失价值，反而增值而诱人收藏，几乎没有寿命期的概念。这种商品特性也适用于商品性建筑。几乎每个城市都有一些古旧文化建筑被人珍藏，也还有一些新近建筑想把自己打造成类似的珍贵商品。一般商品性建筑理论上仍然是按寿命期折旧的，而实际上商品性建筑却在增值，它不是藏品增值的概念，而是因为它是与土地紧密联系的不动产，随着社会经济发展使物质性货品自然涨价。社会经济发展速度越快，商品性建筑交易中价格增长越快，否则相反。

商品性建筑在商品中是物质性最强的一类，因而它的保值性也强，所以在经济高速发展中，货币贬值状态下，商品性建筑就成为人们回避经济损失的商业行为。但这种状态如果失控，商品性建筑一旦失去作为建筑的物质本性，而陷入纯商品符号，就成为泡沫了，商品性建筑就会遭殃。在经济危机以后的恢复期内，那些在经济高涨的投资建设期末把握商品性建筑的物质性建筑会被淘汰。

6.3.2　商品性建筑的建筑策划要点

1）将商品性建筑的使用功能置于首位

任何实用商品都会将其功能置于第一位，商品性建筑也如此。不是为了使用这幢建筑或这套房屋，消费者是不会消费交易的。即使消费者作为一种投资保值行为欲购房屋，也很重视在转让时接受者对使用功能的认可。

不同使用目的的建筑，具有不同的功能。在商品性建筑中最大量的产品是住宅，而在住宅中又有高档公寓、普通商品住宅、政策性商品住宅（如北京称为两限房、经济适用房）等不同档次类型，在功能要求方面有各自不同的标准。明确这些标准及了解制定标准的动因是做好这类建筑功能策划的前提。

住宅应让人居住得方便、舒适。深入研究人的居住行为是极为重要的，许多设计称"以人为本"，但未必真正研究人的需求，徒有虚名。比如主卧室，双人床仅 1.5m 宽，一人翻身，影响另一人睡眠，谈不上以人为本，主卧室双人床宜更宽些，满足舒适的睡眠。又如儿童房，墙上涂上色彩挂几个玩偶，这不是设计。儿童从 5 岁独居要到 17 岁上大学，十二、三年就在这一空间里，他（她）需要独立、自我随意的空间。一个有 1.7m 直径的地面是非常重要的，他（她）可以自由自在地躺着、趴着、坐着、倚着看书或玩耍，不能想象让孩子在伸展不开身体的空间里成长生活十二、三年的是什么设计。再如厨房操作台设计应满足厨房器具自如方便的操作，减少操作人转身次数，讲究清洁与方便……这里不是专门研究住宅设计，仅举几个例子说明商品性建筑使用功能的重要性，我们的确存在不够精致的问题。

2）重视商品性建筑的产权界定

商品性建筑是要售出的，购得商品性建筑的业主将拥有产权证。应当重视他们产权的清晰界定。独立式住宅比集合式住宅价格高，其中就包含这一因素。

近些年来，在集合式住宅中已将卫生间、厨房的楼板作降板处理，就是强化空间产权界定的措施，各户上下水管走在自家的空间内。还有的集合式住宅按单元自成结构体系，即两个单元接合处为双墙，设变形缝，不单纯是有利于结构也有利于产权的界定。某些双拼或联排住宅采用户与户间双墙的方案，成密排的独立住宅，不完全是一种宣传手段，它的实质是产权界定清晰。

3）有效控制综合建造成本

商品性建筑的特性已说明其对所依附的土地的依赖性，也说明了土地转让价在综合建造成本中占有重要地位，在商品性建筑市场越是发育的城市，其所占的比例也越高。因此，千方百计用足城市规划确定的容积率，甚至千方百计在容积率限制外追求合法的非计容建筑面积或其他建筑空间成了许多建筑策划案的追求。

当然，并不是容积率越高，综合建造成本就越低，这需要作具体分析。在一定情况下，过高的容积率可能会带来建筑安装费的增加或因高层、超高层的建造导致设备费用增加。

建设资金占用期的长短，会引起建设资金利息的不同，利息也是综合建造成本的成分之一。过高的容积率会占用很大资金或很长期地占用，最终导致综合成本的提高。

综合成本的控制不应以降低建筑品质为代价。商品性建筑在销售过程中因其品质而定价，商品售价虽不完全与其综合建造成本成正比，甚至也不会与其单纯的建筑安装费成正比，但是综合成本的控制绝不是片面的降低，而是"控制"在合理范围，并与建筑品质相适应。

4）避免建筑产品在一定区域范围的同质化竞争

商品在市场充满了竞争，作为商品性建筑也存在市场竞争。不同的是商品性建筑依赖于场所，所以不同城市的同类商品不产生竞争条件，在大城市、特大城市中的不同区域也不一定产生竞争条件。建筑策划中对项目周边建筑产品的市场投放状况应当详尽调查和分析，并在调研基础上，策划出差异性建筑产品，避免同质化市场竞争。

如果市场需求量大大超过现状供应量，甚至超过未来供应量，也不必刻意去回避同质化产品的竞争，但仍要研究产品的品质优势和价格优势。

商品性建筑的同质化表现是很广泛的，因而回避同质化的路径也会较多。以住宅为例，住宅建筑的类型可以不同，高层、中层、多层及低层等；住宅的品种可以不同，单元式集合住宅、塔式（点式）住宅、院落组合式、独立式低层、并联式低层、联排式低层等；住宅的户型规模可以不同，在传统一、二、三室户之外，可以有一室半、二室半、三室半等；住宅的布置方式、空间组织形式、面积大小等都可以构成差异化，只要达到适合市场需求的目的。

5）重视资源的发掘和利用，为商品性建筑增添非物质附加值

这一要点是建筑策划的核心价值之一，讲策划要点不能不将它列入，但不可能在这里深入论述，只作一个概念性的叙述。

资源很广泛，在项目的内外环境里，有形或无形地存在，需要我们去发掘、挖掘。土地、周边的山水、人文、森林草木皆可成为资源；气候、风、太阳能、阳光乃至开阔的空间，皆可成为资源；土地的历史，民间的故事、传说，曾经的文明及人物，亦可成为资源；眼前的政策、限定的批文都可能是资源。自然、人文、政策、法规，在深入研究后，都有可能成为资源加以充分利用，为商品性建筑增添物质和非物质的附加值。

6.3.3 商品住宅的建筑策划

1）商品住宅的概念本质

商品住宅是投资人利用住宅作为资本运营的物化载体。住宅在这种资本运营过程中，同其他商品在资本运营中的处境、地位、作用是一样的，从投资商人的眼光看，这时的住宅就是商品。

在居住者眼中，商品住宅是住人的房子，是家人共享天伦之乐的场所，是全家人的财产。

对城市管理者而言，商品住宅是城市空间最小的组成单元，是社会空间系统中的细胞，是城市服务体系的终端。

在物业中介商眼中，它们是业务的资源，是中介服务的对象，是有可能获得利润的潜在资源。

把所有社会人对它的认识和理解全部综合起来，就是建筑师对商品住宅完整的认识。在市场经济还未形成的时代，建筑师们只意识到住宅的居住功能和它的社会角色、社会性作用，因而在建筑设计中着重于功能性、社会性乃至艺术美感方面的研究。当进入市场经济时代，住宅成为商品之后，建筑设计的观念如果不发生改变，就不能适应时代和商品住宅自身规律。

商品住宅除去住宅的功能外，作为商品属性的一面，应当讲究商品的性价比，讲究商品外观的美感，讲究商品可以具有的文化附加值等。商品住宅相对于其他商品而言，是不可移动的商品，它依附于所在的环境，因而商品住宅还讲究环境品质，讲究环境为它所提供的功能运行的各类保障系统的可靠性。商品住宅不是简单的住人机器，它应满足居住者的社会活动需求，因而还会有别于其他商品，更讲究社会环境体系。

全面完整地认识商品住宅，才能把握商品住宅的设计和策划目标。

2）商品住宅的户内空间

（1）市场需求与商品住宅的户内空间规模

作为商品的住宅建筑产品最终要向市场销售，因而市场需求是确定商品住宅户内空间规模的唯一依据。

住宅市场在不同地区不同城市，由于经济发展水平的不同、城市规模不同、生活习惯不同、气候环境不同、人口组成不同等诸多因素，住宅市场的发育水平是千差万别的。因而住宅市场不是走马观花地调查就能掌握的，必须做深入细致的调查研究才能清晰了解。

商品住宅的户内空间规模在市场调研成果的基础上确定，最重要的是明确这个城市购房家庭的支付能力。所谓市场，就是消费者，是有三个条件的消费者。这3个条件是：有购买商品住宅的欲望；有支付能力；有在商品住宅建造区域内购房并成交的消费者。3个条件中的"有支付能力"这一条件与商品住宅的户内空间规模有密切关系，规模确定得适当，很多有欲望的人就可能成为市场；如果定得不适当，超过了他们的支付能力，就会将很大一批有购房欲望的消费者排除出市场。所以，许多地产商在开发投资决策时，反复研究住宅产品的套型总价，由此反过来确定户内空间规模。

新中国成立初期，城市住宅户型规模受当时苏联影响，普遍确定得偏大，一直影响着中国城市居民的居住观念。在市场经济发育初期，商品住宅的户型规模一直都定得偏大，这不符合中国人多地少的国情。人多地少的日本和我国香港户型普遍较小，但都做得很精细。因为土地昂贵，用地成本加入到住宅总价后迫使住宅的空间规模降低。这一现象在政府为遏制过高房价的政策引导及市场引导下，逐步趋于了理性。一度推行的"7090"政策，即城市住宅开发中，总量70%的户型应控制在 $90m^2$/户以内，已逐步被市场和开发者、投资者所接受。这一政策反映了城市居民的购房消费能力，适应了中国人多地少背景下城市化进程的客观条件，在今后相当长一段时间里这一政策会继续执行，也是大城市居民住宅开发投资决策的重要依据。今后政策导向会逐步转化为市场导向。

权衡市场能力和政策引导，今后相当长一段时间里，我国大部分大中城市商品住宅的户型规模会是 $90m^2$、$70m^2$ 和 $50m^2$ 左右的三档基本户型组合，但它们各自所占比例仍然应根据市场的需求研究确定。$100m^2$ 以上的大户型，甚至几百平方米的超大户型也会出现，但它们在总量中一定是少数。

（2）居家行为与住宅的户内空间基本要求

居家生活包括睡眠、餐食、家务、清洁、育儿、休息、阅读等事务，户内空间应满足这些活动的展开，并且能舒适地展开。会客可不列为主要活动，它是偶发的，不是居家常态行为，不必为其而损失其他的方便。卧室、厨房、卫生间及贮藏空间是住宅里最基本的空间，缺了就不能称其为住宅了。少了贮藏，可能是旅行公寓；少了厨房，那是酒店客房。基本空间的缺失，就不能完整地满足居家生活。

卧室是睡眠空间，应能放置床、衣柜、床头柜和休息椅，解决更衣、睡眠、起卧行为所需。双人卧室的双人床应为 1.8m×2.0m，双侧上下，使共眠的二人能得到安静、互不干扰的睡眠条件。如有小于5岁的孩童，则应增加儿童床位置；如无其他供阅读的书桌空间，则卧室内应增书桌和椅凳位置。卧室内不宜设电视机。

儿童房是 5~17 岁少年儿童睡眠、学习和活动的空间，除床、书桌书架、单门衣柜外，宜留给儿童一个直径不小于 1.7m 的地面空间，满足他（她）自由活动的需要。孩子在自己的房间里要度过 13 年的成长期，他们会躺着、趴着、滚着，看书、玩玩具、写字、画画、唱歌，无拘无束，自由自在。过于窄小的空间不利于孩子的健康成长，甚至会造成不良性格。

厨房，尤其中国家庭的厨房，宜独立设置。除冰箱外，厨房操作台长度应能满足灶台、案台、洗池和餐品摆放的长度要求，我国住宅设计规范规定的大于等于 2.10m 的要求是最起码的长度。操作台宜一字摆开或呈 L 形布置，对面摆放的台柜只作为 2.10m 外的补充。

卫生间最少设 3 件卫生器，即坐便器、洗脸盆和浴器，另应考虑洗衣机位置。当洗衣机不设在卫生间时，三件卫生器各自合理的使用空间是 850mm×1200mm，合计是 3.0m²。只有在特定布置的平面才能实现 2012 年新住宅设计规范提出的最低 2.5m² 的面积值。

贮藏空间宜分类设置，不宜混杂，即分衣被、食品、书报、杂物等。空间的容量与居家人职业、人口数有关，也与气候和生活习惯有关。从未有过认为贮藏空间过大的意见。

阳台也是不可缺少的，衣物的晾晒，阳光及风的引入等对家居相当重要。在小面积户型中可在起居室或卧室外墙设落地帘，窗外设栏杆，打开窗即是凹入的阳台性质的空间。

对于人口少的小家庭，如两口之家和育儿期的三口之家，全家人的生活节奏是相同的，家庭内空间划分有可能改为时间划分，即将起居与卧室用推拉隔断隔开，白天拉开成开阔的起居空间，晚上隔成两个空间，容三人寝卧，适用于小套型住宅。

住宅的户内空间宜简忌繁，尽可能方整。在面宽有限时，也宜成长方形。户型空间的几何中心点宜处在开阔的空间中，不要在中心布置墙或窄小空间，几何中心的南北中线、东西中线上不宜布置户门、灶台、便器、洗池等设施。南北中线的外墙上最好有明亮的外窗。这些布局的要求有利于宅内的采光和自然通风，有利于户内视觉的舒展，人的心理也会愉悦。

（3）商品住宅的类型差别与户内空间的变化

同样是商品住宅，但有第一居所、第二居所甚至度假居所的不同。它们由于主人生活方式的不同而引起户内空间的很大变化，这一点又往往未引起大家的重视。

第一居所是家庭周一至周五的住宅，第二居所是家庭周末的住所，度假居所是家庭假期时的偶尔住所。它们虽都是家庭的产权又是住所，但因为居住行为、生活方式的不同，户内空间布局就发生了变化。

第一居所是家庭日常住所，家庭成员依据自己的工作、学习、社交需要安排各人的时间。回家的时间不同，回家后各忙各的，女主人下厨，男主人也许在书房，孩子在自己房间做作业，所以空间分隔清晰有利于提高效率。吃饭时要叫一声才能一家人聚会在饭桌旁。卫生间是清身之处，布置要求方便而高效。

第二居所则不同，一家人来此是休息，虽会有点工作中遗留的事，但总的来说是放松的。全家人同进同出，厨房、客厅、餐厅最好是相通的大空间，在休闲的气氛中备餐，一起动手一起用餐，轻松欢乐。卫生间不仅是清身之处，还是休闲之处，泡个澡也许在阳台上，也许在日光下。此外，可能有家庭影院，可能有健身房。

即使是小套的第二居所，也会将户内空间尽可能敞开，适应团聚；将卫生间与阳台相通，适应休闲；将户内与自然敞开，享受阳光与清风。

3）商品住宅的品质及与户外空间的关系

（1）商品住宅的品质概念

品质是两个方面的问题，一是品位、二是质量，品位讲高低、质量讲好坏。

商品住宅的质量与建筑工程的材料、设备的品牌、施工的精细程度和施工过程的监管相关，与住宅套型的面积规模无关，与住宅和户外空间的关系也无关。

商品住宅的品位则是与住宅的套型规模、空间组织和户外空间的关系相关。而在这些因素中最关键的是住宅空间与自然空间界面的多少。

独立式别墅与自然空间有 6 个界面，品相最好；并联式别墅有 5 个界面，品相次之；以下依次是联排式别墅、花园洋房、板式住宅中间户型；最后是塔式住宅的中间户型，仅一面开敞，品相最差。

品位品相与其价值相关，当然价格也不相同。

依据这一规律，策划和设计就应努力创造与自然界面尽可能多的户型。在集合式住宅中，短板住宅建筑效果较好。过分追求容积率多建房子也许会比少建一点得到的投资回报还少。

品位与质量应当匹配，所以人们才常将品与质放在一起，讲品质。

重视品质是建筑策划的原则，由此带来的是投资回报率的提升，使投资决策更加有信心，更加顺利。

（2）商品住宅户外环境的价值

住宅的户外环境有大环境、中环境和小环境之分，这里仍然是以研究空间环境为主。住宅建设基地内的空间环境是小环境，基地周边区域的空间环境为中环境，基地空中远眺范围的空间环境为大环境。

大环境可能为我们提供远眺的山岭、湖河水系、森林，这些都是远景观，朝日晚霞、草原沙漠、城市远景、晴空万里、白云涌动都可能成为远景观，当这些空间环境因素和当地气候结合并被总体布局有意识利用后，这些远景观因素就有可能构成商品住宅的建筑策划亮点而助升住宅的价值。在高层的公共空间里有意识地设置远眺平台，在尽端户型添加尽端外露台，在屋顶增加望远露台等方法都是挖掘利用远环境景观资源的方法。

大环境还可能为我们提供清风、和日、春雨、星月，这些也是远景观，虽不是每天、每季如此，但大自然景观从来就是季节性的，如钱塘潮亦仅几日，春雨扬州亦仅月余，海市蜃楼只有夏日可能发生。所以大自然的远景景观资源在于发掘，在深入调查研究的基础上创意性发掘利用，提升产品价值。

基地周边的空间环境为中环境，研究它们可能会发现这样一些景观资源：如校园空间的绿荫与青春脉动、旧城区的居民坡顶与市景、街边树丛与游园、幼儿园的童音、寺庙的宁静等等，在俯视之下都可能成为景观资源。

中环境在季节变化中可能产生别样的景致，冬季的雪中屋顶、秋季的金黄落叶、春天的绿芽萌发……许多旧时的某某八景、某某十景，其实并无绝色之艳，只不过有人发现、归纳、传颂，所以我们应当调研、发掘，加以利用。

基地内的小环境在于策划者的设计。建设基地内的总平面布局中最重要的是要设法留出可供创造小环境特色景观的土地，不要将基地全用于建筑，应当控制总开发量，切记不是容积率越高经济效益越好。在适宜的开发强度下，还应重视疏密有序的布置方法，疏密相间，像书法艺术那样，以密求疏。

密处满足日照通风前提下尽可能密，这样可以减少道路和管线工程量，又能获得尽可能开阔的集中绿地，足够大的集中绿地才可能做出更高品质的绿地，才可能创造出具有特色的小环境景观。

小环境景观不宜面面俱到，而应有特色、有个性。在对周边社区调研后，确定与众不同的景观主题，突出主题，强化主题，塑造出有价值的环境景观。

（3）住宅品质与住宅自然界面的关系

住宅与外界大自然的界面是天、地及外围四周空间，这些界面越多越宽，住宅的品质则越高。别墅的外界面有6个面：天、地及东、南、西、北，故其品质最高。并联住宅，俗称双拼，有5个外界面：天、地及南、北，加东或西，品质次之。联排式住宅，有4个外界面：天、地及南、北，品质再次之。低层洋房住宅，有3个外界面：南、北及天或地，品质再次。板楼中部住宅仅南、北两个界面。而塔楼高层住宅会出现部分仅一个外界面的住宅，品质最差。在联排住宅、板楼住宅中，人们竞相争取获得尽端户和顶层、底层，是想多获得一个外自然界面，四合院式的住宅比别墅价值更高，也是因为它除了拥有天、地、东、南、西、北6个界面外，还拥有内庭的自然界面。

住宅追求自然界面反映的是对阳光、通风和视野的追求，是人的生理需求和心理需求的表现。

6.3.4 商品住宅的市场

1）市场的概念及商品住宅的市场

市场就是人或人组成的群体。市场营销是人们为满足需求而进行的商品交易过程。

作为构成市场的人，应具备3个条件，即对商品有需要的人，有经济支付能力的人，并且有商品交易愿望的人。这3个条件缺一不可。只有3个条件皆具备的人，达到一定数量才能构成某种商品的市场。

在寻求商品住宅投资机会的过程中，不能仅看到某个地区的人口数量，更重要的是要看清楚能成为商品住宅市场的人群的人口数量。近些年来出现的三、四线城市开发的住宅新区成为所谓"鬼城"的事例，就是没有认清城市人口与住宅市场的区别而造成的。

在三、四线城市，相当数量的居民是有居所的，他们没有对新的商品住宅的需求；还有相当多流动的新的城市人，在这里打工，有较好的稳定收入，但没有打算长期落户于此，也就没有商品住宅成交愿望，当然也不是市场的构成者。内蒙古鄂尔多斯"鬼城"现象正是缺乏对商品住宅市场正确的判断而盲目投资的后果。一个以煤矿资源开发而兴起的新兴城市，暂时集聚的人口是许多消费品的市场，但不太可能成为不动产商品住宅的市场，许多人因煤矿兴旺而聚，也会因煤的枯竭而散，不会成为永久居民。

三、四线城市居民与一、二线城市居民不同，他们的住宅基地来源有多种渠道，居所不一定完全依靠商品住宅。所以不能简单地用一、二线城市的人口数量判断商品住宅市场的方式来判断三、四线城市的商品住宅市场，还是要通过仔细的市场调查、分析研究来探求投资的机会。

2）市场的细分

市场细分是市场营销中一个重要概念。

对于商品住宅的市场细分，可以把构成市场的人的3个要素分等级组合，就会形成细分的市场。对商品住宅有需求，但需求的住宅品质、规模、户型是不同的；有经济支付能力，但支付能力的大小是有区分的；有成交的愿望，但成交的时机、成交的驱动因素也不相同。通过市场的深入调查，研究分析可以形成有针对性的商品住宅的市场细分，从而选择某种或某些细分市场，设计和建设有市场的商品住宅。

在商品住宅市场细分研究的基础上，选定商品住宅的产品方向时，可以有至少3种选择：

（1）针对各种细分市场提供单一产品，这叫作无差别市场营销。针对无差别市场营销的产品一般应有较强的市场适应性。

（2）选择某个或几个细分市场提供单一产品，这叫作集中的市场营销，或称特色市场营销。这样的产品应具有独特的特色和明显的优势，如特小面积而设施完善的小户型、可灵活分隔的适应性强的独特户型、能自住又能委托经营的适合旅行生活的户型等。

（3）针对不同细分市场提供分类型产品，这叫作市场细分化营销。一般较大规模的开发建设项目会选择这种方法。

3）商品住宅的市场特性及消费者行为

（1）商品住宅是家庭消费中最重要的消费

商品住宅总价格高，是家庭中最大支出；商品住宅是家庭中使用期最长的商品，使用期长达70年或以上；购买商品住宅是家庭的重大事件，所以购买商品住宅的交易决策是全家庭成员集体的意志，共同的选择。因而，商品住宅的产品性能及性价比应能让家庭成员中人人接受，而不仅仅是个别有决定权者。

（2）商品住宅的成交过程是消费者对产品反复认识到认可的漫长过程

绝不同于一般商品的交易过程那么简单，认识商品住宅的过程也是不断学习的过程，商品住宅的设计及策划应当建立在对住宅及居住的科学认识和知识积累上，只有科学的产品才能引起消费者不断地反复认识该产品的兴趣和激情，逐步达到认可。

（3）商品住宅是不动产，具有不动产的特质

消费者在关注住宅内部空间的功能舒适和健康条件外，同样关注着住宅的区位条件、环境条件、自然条件，关注内部与外界的关系和界面。

商品住宅的品质不是单一的建筑物品质，应当是包含区位、环境及与大自然空间关系在内的综合品质。基于不同的区位、环境和大自然空间，孤立地确定商品住宅的品质定位是欠妥的，在建筑策划中应慎重行事。

（4）服务是商品住宅的商品价值组成部分

从商品营销的角度看，实物可以成为商品，服务也可以成为商品。商品住宅的价值（用价格体现）包含着住宅及其服务。

当今时代，商品营销广泛地进入到"实物 + 服务"的综合商品营销时代，商品住宅更是如此。商品住宅会相应附加很多非物质因素，除区位、环境和大自然等外界条件外，在住区内部仍有交通服务、安保服务、医疗服务、生活服务、能源保障、水气供应、健康环境等服务性条件，它们也应当是住宅商品性的组成部分。因而，住区的配套与住宅本身的品质定位应当匹配，综合筹划。适度的服务系统与配套设施的配置是完善商品住宅品质定位的组成内容，而非额外负担。提倡适度的服务系统也就是不主张过度，因为过度会造成开发成本的提升，也会涉及住宅销售价提升和未来住户居住成本的增加，使商品住宅品质定位脱离消费者支付能力。

（5）商品住宅的消费交易是相对隐蔽的个体交易

商品住宅交易是大宗巨额消费，涉及消费者财产隐私及心理隐情，不易在大庭广众间进行。从消费者心理而言，总希望自己购入的住宅在同等价位的产品中不是被边缘化的弱势位置，甚至希望与同质者相比有某种优势或某种优惠之处，至少不能被弱化。因而，在建筑设计和策划中，

同质产品的位置及环境的均好尤为重要。而且，产品品质的阶梯等级与位置、环境的阶梯等级应当相匹配，最终与交易价格相匹配。

4）市场调查

商品住宅建筑策划前，建设投资方一般都已进行市场调查，并相当可能进行过投资机会研究，初步确定了建设目标。为什么这里还要进行市场调查呢？因为在建筑策划前应当理解建设投资方提出的建设目标内容，审视其定位的准确程度，同时建筑策划展开后当客观条件对目标实现的制约和矛盾难于化解无法调和时，修正建设目标是一条出路。若没有市场调查的基础，这些工作是无法展开的。

（1）市场调查的内容

根据城市人口及住宅量，在建同质商品住宅量，研究判断城市商品住宅需求量。市场调查的内容包括：同质商品住宅的市场信息，如销售量、销售价、品质定位，消费者评价意见；城市商品住宅消费人群信息，如职业、家庭人口组成、家庭收入或消费能力等；当地居民的生活习惯，气候对家居生活的影响，对住宅的喜好趋向等；城市及地区经济发展趋势，城市中活跃的职业人群、城市的主导产业和产业导向。调查内容还包括建设投资方推荐的调查对象和调查内容，尤其是建设投资方认定的同质在建项目和建成使用的项目，这是策划项目的市场竞争对象。

（2）市场调查原则

·真实性

调查最重要的原则是真实性，失去了真实性就失去了调查的意义和作用。要做到真实性就应避免在调查中的诱导，要让被调查者主动自愿地反映本意。在口头调查中忌用诱导性语言询问；在问卷调查中，问卷的设计不应使若干答案处于不平等的位置，以防诱导。更不能对调查的答案、结果进行带主观意识的整理加工。要做到保证真实性，最重要的是对调查员的培训，树立客观求真的态度。

·代表性

调查的第二个原则是代表性。因为任何调查都不可能真正做到全市场调查，而仅仅是取样性调查。因而确定调查的面应当具有一定的调查量，偏小的调查量其代表性较弱；调查取点应当在地域方面，被调查者职业、年龄等方面有较广的幅度；调查的方法宜选取两三种方式，并将各类方式的调查结果进行比较。

·时效性

调查要讲究时效性，过去年度、季度的调查结论可以作为参数，在调查结论的比较研究中很有价值，但不能直接用作决策依据。

·针对性

由于建筑产品、建筑商品存在着细分的市场，为建筑策划而作的市场调查，应当与策划和营销决策确定的细分市场相对应。我们不可能将老年社区建筑产品的市场调查结论用于面向青年人的小户型项目的建筑策划之中，也不可能将租赁性建筑的市场调查结论用于商品性建筑的建筑策划之中。

这4项原则的核心是真实性。不具代表性也就是片面而不真实的，过时的信息难于反映今天的真实，别的范畴的实情不能代表我们将要研究的范畴的真实，真实了解现状是建筑策划研究的基础。调查是真实了解现状最重要的方法，可能是唯一的方法，这里讲的是市场调查、用地现状和环境调查、建设项目的社会背景调查，三者合一才构成建筑策划的基础性工作。无论哪项调查，其原则的核心都是"真实"。

（3）市场调查方法

关于市场调查的方法，很多书都讲过，本书没有阐述。随着时代的进步、社会的发展、科技的创新，市场调查方法不会再局限于传统的方法。在信息时代的信息时时处处都可获取，但要能将这些信息梳理成有价值的资讯成果。

（4）调查资料的梳理与编辑

对已获得的信息资料等原始素材要进行梳理和编辑，这是调查工作的最后环节。第一步，汇集、梳理，而不是整理。梳理，按问题类别梳理，同时将其中不可靠、有疑问、不准确、无意义的信息提出来，但先不剔除；第二步，编辑，按建设项目的具体情况和需要分类、分问题组合；第三步，研究分析，针对其中相互矛盾的信息、不准确有疑问的信息、无意义的信息进行研究分析，去伪存真；第四步整理成调查成果报告，作为建筑策划和营销决策的基础性资料。对于在第三步梳理研究时剔除的调查信息不是简单地删除，而是作为附件存于资料之后，以便需要时参阅。

（5）市场预测知识

预测是根据事物的历史与现状中的规律性发展趋势，对事物的未来过程和发展结果的推测。

预测的过程首先是对事物的历史和现状的了解及分析，从中找到它的发展规律，依据这个规律，因数据处理或理性的推断而获得预测结果，整个过程是一个渐进和反馈的综合运转过程（图6-1）。

在市场调查基础上所获得的产品市场供应量、市场需求量、同质产品生产及供应量等数据是市场预测的基础，它们应当是系统的、全面的，表现出动态变化的。孤立的、单个的数据对于预测工作意义不大。

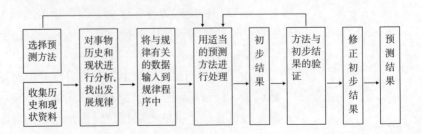

图6-1　市场预测过程

供应量的系统性与需求量的系统性的平衡分析，可以发现投资机会。

预测方法分定性预测和定量预测两类，有时两种方法都用，以相互验证。定性预测是一种经验方法，依靠有经验的专家或专家群的经验和判断力，针对掌握的历史和现状资料对事物发展趋势及发展结果作出推断。常用的方法有专家会议法、专家推断法（互不见面的独立判断，又称特尔菲法）、类推预测法（有经验的专家利用资料进行对比性分析，得出推测结论）。定量分析方法由于寻找变量规律的不同而分为因果分析预测法和延伸性预测法，还有其他方法。它们又各自细分为若干方法。

这里只是介绍预测方法的一些知识，了解预测工作的程序和预测方法的多样，毕竟是推断未来的事，不是一两种方法就能判断得准确的，所以要视项目的重要程度和预测在项目决策中的重要性程度，选择几种方法展开并验证，而且要依靠这方面的专家进行预测工作（表6-1）。

几种预测方法在建筑商品市场预测中的适用性 表6-1

	定性方法			定量方法					
	专家会议法	专家推断法	类推预测法	因果预测法			延伸性预测法		
				回归模型	弹性系数法	消费系数法	移动平均法	指数平滑法	趋势外推法
方法特点	组织有相关经验的专家，研究掌握的资料，依据经验和判断能力，通过会议形式研究讨论，得出结论	组织有经验专家各自独立地分析资料，独立判断，提出预测意见，再多轮反馈综合，整理出结论性意见	由有经验者，对已发生的类似时间发展过程和预测的事件发展进行对比性分析，形成推测性结论	分析事物历史变化规律，寻找变量之间的因果关系，建立回归的函数模型，输入预测事物变化的自变量，得到结果。分一元回归、多元回归和非线性回归等	特定的两个变量之间存在着相互依存的变化关系	根据产品在若干分类市场中的消费量的统计分析，建立这两者的系数关系，而求得预测结果	假定两变量的关系与其他条件不变，假定变量的变化是渐进的而不是跳跃的，这种将过去渐进发展的规律的平均变化延伸开以后而测算出未来的结果	与移动平均法相似，只是将事物发展平均变化改为递减或递加的指数变化，以指数变化规律去预测未来	当变量随时间的变化关系不是平均发展又不是指数发展而是一种曲线模型关系，即初期缓慢，后增快而后又趋于平稳最后下滑的情况
适用范围	适用于产品趋势、产品品质、科技成果运用等长期预测。适用于市场需求的近期预测			可用于商品性建筑的市场需求量预测。适用于产品价格预测	可用于产品价格与销售量关系的预测	可用于建筑材料耗量市场的预测	从统计数据上看，历史上变化的规律是渐进式变化而非跳跃式变化，历史上的变化规律可以顺延至将来	可用于经营性建筑的市场需求量预测，如旅馆等	
所需资料	所调查资料提供给专家们参考。所聘专家也有各自所掌握的资料，依据自己的经验和掌握的资料作出判断			应有5~7年的统计资料，连续不间断的定量数据资料			统计数据越多越好，最少应有过去连续3年的数据		历史数据统计最少5年，越长越好
精确程度	只是定性判断，不适宜定量分析			具有定量性参考价值			历史数据越长，定量判断的参考价值越高		
预测时段	今年预算明年，再长期精确度差			中长期预测			历史数据越长，其预测时段也越长		

6.3.5　无形空间观念对建筑策划的影响

中国古代哲学《易经》是先人认识世界、解释世界的经验结晶，是伟大的文化遗产。《易经》认为我们生活的世界是由有形的世界和无形的世界综合组成的。当我们将易经原理运用在认识人体的时候，就有了中医理论和实践。中医认为人体有经络系统，当我们将人体解剖后能看到血液系统、神经系统、消化系统等有形的人体，却看不到经络系统，但它的确存在，人们依据经络的原理，发明了针灸学，寻找到互无表象联系的穴位，并有效地通过针灸或按摩穴位祛病养身，调节身体。因为人体是有形的人体与无形的人体共同组成的。

人类生存的自然世界也是由有形世界与无形的世界共同组成的。有形的世界是我们看得见摸得着的山、水、地形，感受到的阳光、风、雨等；无形的世界是看不见摸不着甚至感受不到的气场。在一个空间中，人们喜欢寻找靠边的边或角坐下用餐用茶，因为感到宁静和安全；在宏大空间中，当进行少数人活动时，希望有一定的空间界定；当人在开阔场所安坐时，喜欢背靠有遮挡的物体，心里才有安宁感。这些都是气场的作用。

在中国无论东西南北，传统的住宅几乎都是院落，虽然它们各不相同，但都表现在其中心是开阔的公共空间；在一座宅内、屋内，其中心也是开阔的空间。人们不喜欢正门大开着直对中心；不喜欢住宅凹凸错位，认为方整的房屋让人心安；也不喜欢住宅空间中心的南北东西的纵横轴线上有卫生间、厨房的灶台等器具；不喜欢北向的门窗洞大过南向的门窗洞；不喜欢通过式的客厅等等。总之，是寻求住宅空间的安宁感、和谐感、安全感。好的气场营造的是人心里舒坦的场所。

由于中国人受到古代哲学思想的影响，或多或少对无形空间观有所意识，而住宅作为商品时，消费者对它就会十分苛刻地审视，会用无形空间观念去要求它。商品住宅的建筑策划不应当无视这种现象的存在，而应当正视它、研究它。

无形空间观念的主要要点是：空间的完整性、布局的均衡性、卧室区的私密性、人的静态场所的安宁感、水火用具的安全性、杂乱物品的隐蔽性等。

1）空间的完整性

主张住宅外形平面完整，不喜欢奇奇怪怪的平面外形，不喜欢缺角的平面。宅内的空间分隔最好是横平竖直，切忌斜向隔墙，因为它造成大小头空间。空间的完整性还表现在室内空间分隔不要太零碎，在满足功能分隔的前提下，分隔宜少不宜多。

2）布局的均衡性

宅内功能分区应合理，里外分区，动静分区；寝卧区在里，起居餐室在外；用水空间（厨、卫等）相对集中。全家起居的大空间宜完整，不宜一头宽大一头窄，呈方形、矩形为好，并应有较完整的墙面。

3）寝卧区的私密性

寝卧区宜在住宅的里侧，与家庭的厅堂有一定的限定感，使寝卧区有安静、安宁的感觉；各卧室的门处于适当位置，门开时也不宜让厅内一览无余地看透卧室。

4）人的静态场所的安宁感

人在客厅沙发上就座休息，人在床上寝卧睡眠，人在书房阅读写画等行为都要感到安宁，而安宁的条件是人的身后没有门窗，人的侧后向没有门，外界的状况均在人的前方或斜前方能及时观察到的范围内。

5）水火用具的安全保障

水、电、火、燃气等用具均应有妥善的位置，不宜在住宅中部或中心的纵横轴线位置，用水、用火点有适当距离。因为纵横轴线位置上有水、火必然造成左右或前后会与其他功能空间相邻，涉及面过大，引起主人心理的担心。

除住宅空间设计外，住区的总体空间布局也存在无形空间观念问题。住区空间布局应中心开阔，面向阳光，避免寒风侵袭、避免阴暗角落空间的产生，垃圾、公共卫生间要避开公共活动场所等；主次入口不宜过于直接通向住区中心空间，应有一定的遮掩；住区理想的空间布局是背有依靠，面南开阔，但与城市空间有间接隔离。

《黄帝内经》上说："百病生于气也，怒则气上，喜则气缓，悲则气结，惊则气乱，劳则气耗……"住宅的空间应努力创造使人气和、喜、悦的氛围，避免引人怒、悲、惊、劳的气场环境。

无形的空间观所说的气场是营造一种让人感到安宁、舒坦、无忧无虑的居住环境，让人长寿、健康。

以上讨论的内容是关于建筑空间气场环境问题，直观上说气场环境看不见摸不着，但是人能够感受到，这种感觉会引起人的生理反应，如心跳加快、血压升高、血流加快等等。气场环境的构成元素、气场环境的规律都是可以认知的，可以表达的，不是虚无的，但是要从头说起就非一时之事，本章只讨论商品住宅，这里也仅对与住宅的人居空间直接相关的进行简单表述，让建筑策划师在工作时重视这方面的问题。

在商品住宅的市场营销中，这方面的问题已被消费者重视，相当一部分消费者重视住宅的内空间和外空间的气场环境问题，更多的是关注内空间的气场环境，所以建筑师和建筑策划师应当予以重视。

本书以商品住宅为例研究商品性建筑的同时，也收录了商品办公建筑的实例。

商品办公建筑与商品住宅同属商品性建筑，在建设投资行为和收益模式上是相同的，它们作为商品的一面与商品的特性也是一致的，一切在其他商品中采用的让商品增值的策略均适用于商品办公建筑。从建筑功能角度而言，办公建筑与住宅则完全不同，各自有自身的规律。从建筑策划的角度，除认真研究建筑满足功能的细微要求外，应当依据办公建筑的市场需求进行办公建筑的策划与设计。

办公建筑的物业销售是针对企业的，与住宅销售针对家庭是不同的。企业希望自己的办公环境具有独立完整性，希望能展示自己的个性与行业能力，在集合式办公建筑中如果能实现这一点将会受到市场的欢迎。

6.4　经营性建筑

6.4.1　经营性建筑的概念

经营性建筑的建造投资是建设一项长期经营项目，逐步获得回报，实现资本增值的投资过程，经营性建筑建成投产仅是投资活动的起步、经营活动的开始，而不是收益阶段。

经营性建筑本身不是独立的经营资本，它是与投资者拥有的其他无形资产相结合进行经营的。经营性建筑应当符合为其服务的无形资产产权健康运行的规律。

旅馆酒店有管理公司品牌产权，医院有专门医科专长和医疗服务品牌，高尔夫也有自身的品牌，商业运营、旅游业运营商都有无形资产产权。

经营性建筑的投资人一般就是建筑产品的未来业主（建筑物业的所有人），但他们可能是也可能不是建造管理者（建设单位），而可能是委托建造。

这类建筑的投资人除关注建设阶段的建造成本外，更关心无形产权运行的科学性，关心无形产权的规律，关心未来经营阶段的经营成果，关心和重视经营阶段的管理方便、运行效率、管理人员多少、管理者和工作人员的生活和工作条件等。

经营性建筑的目的是经营活动，经营就要对消费者有吸引力，要满足众多消费者的消费需求，不仅满足消费者的消费习惯，还应满足消费者对时尚的追求。

6.4.2　经营性建筑的特性

1）经营性建筑的主要享用者是不确定的民众

经营性建筑的主要享用者是建筑业主的顾客，业主要为他们提供尽可能满意的服务。这些享用者的喜好是千差万别的，不确定的顾客也会有不确定的需求。

在千差万别的顾客需求中，要研究出一些具有共同规律的需求作为这些建筑策划和设计的原则及目标。但是，特殊顾客的个别需求在这类建筑的策划中应当予以重视、满足，而不是忽视舍弃。以酒店建筑为例，优秀的酒店讲究个性化服务，讲究对个体尤其是特殊顾客的无微不至的照顾。例如，伤残旅客的行为方便服务，不仅有无障碍设施，还会有陪伴保障；又如，带婴儿的旅客有儿童车，卫生间有婴儿护理台，备有摇篮；酒店还会设幼儿园；再如，吸烟与不吸烟的，喜闹和喜静的，早起与晚起的，不同饮食习惯的，不同温度要求、不同水温要求、不同光线亮度要求等等都应当予以尊重并努力做到。

2）经营性建筑是一部运行的机器

经营性建筑不同于一般商品。一般商品，顾客支付货币获得的是商品，他重视的是商品的品质；经营性建筑，顾客支付货币获得的是建筑空间的使用权和相应的服务。他重视的是空间品质和与其相关的服务品质。

经营性建筑的空间品质与服务品质是紧密联系在一起的，不能分离，不能分隔评价。经营性建筑通过可靠的市政系统保障、高效细微的服务、舒适宜人的空间提供给消费者一个完整舒适的消费系统。经营性建筑应当内部高效且协调运行，外在柔和舒展。

3）经营性建筑应对消费顾客有较强的吸引力

对消费顾客的吸引力直接影响经营效果，从而影响投资的回报和增值。

经营性建筑的吸引力是从多方面来实现的，但它的基础仍然是建筑本身的品质。建筑品质包含"品"和"质"两个方面：品是指品位、品格，是指建筑的档次及与精神享受有关的方面；质是质量、质地，是指建筑的功能保障及与物质享受有关的方面。二者不可割裂，统一于一体。

经营性建筑的吸引力还体现于它的个性、独特性，个性与独特性有利于引人注目，有利于舆论传播。个性和独特性不单纯表现在形态上，而是多方面的，如功能的独特性、服务系统的个性，当然包括空间的个性和建筑形态的独特性。但涉及形态的个性和独特性应符合美的规律，要大众接受喜爱，不应只是"奇"，有时"奇"会引人注目，但不一定会得到众人喜爱，那么对经营没有好处。

6.4.3　经营性建筑的建筑策划要点

1）深入了解经营项目无形产权的核心价值、运行规律，努力让经营性建筑适合其要求

经营性建筑的业主所拥有的无形产权是很多年甚至几十年上百年运行经历的积累，都具有自己的运行规律和模式。其中有一些是同行业都相同的，这些大多属于运行的科学性，也有一些是自己企业的特殊经验，大多属于运行的习惯性。这些都是有价值的，都是应当在策划和设计中认真贯彻的。

经营性建筑以建筑空间和无形的服务体系为消费者提供安全的、舒适的、令其愉悦的服务，收取报酬，最终实现投资回报，资本增值。

在服务过程中，消费者有其自身的行为路线，服务者也有自身的行为路线，有为他们二者提供保障的物资供应路线，还有废弃物排放路线，这些路线理论上是不交叉，互不干扰，各自独立的。

所有无形产权的核心价值内容都讲究服务的效率。讲效率不单纯是快，更重要的是可靠，其次是资源的充分利用，这里的资源包含着人力资源和物质资源。

管理有序，流线清晰，运行高效，基本上应当是经营性建筑在满足无形产权健康运行要求方面的目标。

2）经营性建筑的安全性尤其重要

所有建筑都讲安全，但经营性建筑尤其注重安全。这是因为它的消费者，即他的顾客是建筑的客人，他们不熟悉这座建筑，生活在生疏的环境中，若遇到安全类事故会束手无策，若发生安全事故造成顾客的伤亡，经营者需要赔偿，这种赔偿会造成整个企业的声誉损失；即便无多少损失，但安全事故会导致顾客的流失，最终导致无形资产的严重贬值。

经营性建筑的安全包括消防安全、食物安全、生物安全和人的行为安全等各方面。在消防设计规范中，对旅馆、医院的管理也更加严格。医院建筑更加讲究避免不同科室交叉感染的可能性，讲究不同流线的清晰明确。其实旅馆也是如此，高尔夫球场亦然，飞机场的航站楼也是，它们各自都有自己的要求和原因，根本目标就是一个：安全第一！

3）关注经营性的运营成本超过关注建造成本

运营成本的控制比建造成本的控制更重要，因为它关系到建筑的整个生命周期，更因为它在整个经营全过程中占据总成本的比例更高。

经营性建筑的运行成本包含着能源及物质、资源的消耗量和消耗率（单位经营额的平均耗量），包含人力的消耗和人力资源的工作效率，包含建筑内装修和陈设配置（含设备）的服务年限，还有管理水平和管理成本，为经营发展推广所产生的经营成本（如广告宣传费等），等等。

运行成本的控制除去管理水平之外，就是策划和建筑设计所创造的物质空间是否有利于上述目标的执行。例如物资供应的路线是不是直接高效且路径短；又如服务中心所服务的范围是其能力所能承担的最佳规模，是不是处于服务范围中心位置，令其效率最高；再如经营性建筑的规模是否是该类行业的合理且经济运行的规模等。

4）经营性建筑追求经营品牌与地域文化的结合

品牌力量与地域文化结合是经营品牌生命力的表现，投资人追求这一目标是赢得市场，促进品牌价值的提升，也是无形资产增值的手段。地域文化不能狭义理解为建筑文化符号，更表现在他们的生活方式、适应气候的策略、经济能力和经济水平。

6.4.4 经营性酒店的建筑策划

经营性建筑在建设投资中属于自持物业的投资行为，是将建筑产品作为固定资产长期自持或永久自持，通过自我经营、合作经营、委托经营等方式，获得经营收益以实现投资回报的建筑类型。

在经营性建筑中依据其使用功能的不同，有酒店、餐饮业、影剧院、体育场馆、酒店式公寓等类型，其中酒店旅馆的经营性特征最为显著，广被大众享受使用，也为大众熟悉，本章以经营性酒店为对象讨论经营性建筑的建筑策划。

酒店旅馆是人类流动状态下的居所，除了满足居住的安全、舒适的生活需求外，还应满足人们离开原居住所外出的目的性要求，如会议、商务、旅游、度假、会友等种种要求。这些要求在酒店的建筑环境、建筑空间、建筑设施等各方面都会产生种种规律，本章将从经营性酒店的概念、经营方式及酒店建筑的特性、酒店的经营市场、酒店建筑的资源利用等方面来讨论经营性酒店的建筑策划。

酒店旅馆是从功能空间、建筑品质、管理运营、市场营销等各方面都较为复杂的建筑，而这些方面又与建筑策划相当紧密，本章力求较为深入地进行讨论，但不能涵盖所有旅馆建筑的问题，也仅就建筑策划会涉及的问题作讨论，并以几个实例辅以说明，其中两个属于特殊基地条件下的酒店策划，重点是资源匮乏的应对策略；一个属于旅游目的的特殊市场，重点是客源变化的应对策略；一个属于全面的酒店策划；最后一个实例是对极为复杂且有不利因素的场地研究，它是酒店建筑策划的基础性工作。

1）经营性酒店的概念

（1）经营性酒店的投资回报

经营性建筑是建设投资中的中长期投资行为，以其投资建设的物业与专业管理公司合作经营，逐步获得利益，实现资本的增值。如酒店、旅馆、高尔夫球场、网球馆、游泳馆、健身馆、影视馆等，近些年涌现的体验馆、专业医院……均在此列。

经营性建筑在经营活动中所提供的是建筑空间和建筑环境，它必须与专业性服务紧密合作才能构成市场所需的经营品。"空间＋服务"中的空间是适应服务所需的空间，对服务的了解、熟悉和掌握其规律，是设计建设适应服务所需空间的前提。经营性建筑门类很多，不可能全部展开讨论，这里以最具代表的经营性酒店为例展开讨论。

通常的酒店建设投资，从建成运营起8~10年能实现建设成本的回收，以后的运营即是投资的回报。

（2）经营性酒店的类型

经营性酒店向顾客提供一定时间里的住宿空间和与之配套的饮食、娱乐、健身、会议、商务、购物等服务。最基本的"一定时间里的住宿空间"无论是怎样类型的酒店都应保证，而与之配套的服务内容视酒店类型的不同而有别。

酒店类型多样，主要分三大类：商务型酒店、度假型酒店和经济型酒店。

商务型酒店主要为出差进行商务、会议等经济活动的顾客服务，度假型酒店主要为旅游、度假等休闲活动的顾客服务，经济型酒店是为上述两种活动的顾客中有低支出成本核算的顾客服务的。三类酒店在位置选择、入住目的、服务需求、经营季节等方面有众多差别（表6-2）。

酒店类型概念 表6-2

	酒店的位置					入住者目的					需要的服务							营业季节		
	城市里	郊区	风景区	机场	铁路	商务	会议	度假	旅游	其他	客房	餐饮	商务	娱乐	健身	会议	其他	全天候	适时性	单季
商务型	●			●		●	●				●	●	●		●	●		●		
度假型	○	●	●					○	●	●	●	●	○	●	●	○	○	●	●	○
经济型	●				○	●	●				●	●				○		●		

●必须具有　○可具有

　　酒店类型在此三大类基础上还可再细分。如商务型酒店中有会议型、商务型、会展型、代表处型，度假型酒店中有度假村、旅游酒店、会所制酒店、登山俱乐部、房车营地等，经济型酒店中有青年旅社、驴友之家、品牌快捷酒店等。但这些细分只是局部问题上的差异，对酒店的建造、运营、管理和投资决策无根本性影响。

　　商务型酒店起源于商业交换时代，具体时间无从考证，应商人住宿之需而兴。度假型酒店起源于罗马帝国的权贵们在郊区浴池的娱乐休闲场所，从14世纪的欧洲起，瑞士的冰雪原野、英国的海滩、比利时的温泉逐步兴起度假场所，是权贵、上流社会的专享；18世纪经过欧洲工业革命，中产阶级成了消费主体，度假酒店逐步发展起来；20世纪70年代度假型酒店在欧洲发展成多元形态，20世纪后期转入北美和亚洲。经济型酒店起源于20世纪初的美国，由于市场经济的发育，商务的发达，对商务方便的追求和对旅行成本的控制，使商务人士更讲究效率和效益，经济型酒店应运而生，20世纪末进入中国并迅速发展起来。

　　（3）酒店的经营

　　经营性酒店经营的是空间和服务两组密切相关的产品。

　　空间包含顾客专属的私密空间（客房）、顾客同享的休闲空间（健身、泳池、书吧……）、顾客有偿享受的专享空间（餐厅、咖啡厅、影视厅、棋牌、SPA……）和开放性空间。服务包含客房服务、餐饮服务、娱乐服务、康体服务、商务服务、休闲服务、会议服务等和个体的特殊需求服务（如轮椅、病人饮食、儿童陪护、导游……）。

　　所提供的空间包含了空间内的所有陈设配置、艺术修饰及为保证空间环境品质相关的温湿度、光线、噪声控制，以及水、电、空调、电信的保障，为实现这个空间品质的所有投资会纳入建造成本之中并分时段地分解销售给顾客。所提供的服务与为达到这一服务标准的所有物品及为保证服务品质的人与其培训等所有消耗的投资均会纳入运营成本之中。

　　在关注投资收益时，不仅要重视酒店建筑物的建造成本，更要关注酒店设计造成的经营成本的经济性。

　　空间的品质（硬品质）和服务品质（软品质）共同构成了酒店的综

合品质。

酒店的综合品质和市场的需求决定了酒店的营销价格。

酒店空间建造的投资和提供服务、维护空间的运行成本构成的投资支出与营销收入的投入产出关系表达了酒店管理水平，同时也反映了酒店的设计水平及建筑策划水平。

2）经营性酒店的建筑特性

（1）地理位置的重要性

经营性酒店的位置选择十分重要，位置与它服务的客源有十分密切的关系。商务型酒店的位置一般在城市中心、商务繁华地区或机场，是为了商务客人的方便；度假型酒店一般坐落在旅游目的地的旅游区、风景区，面向城市内市民的周末休闲酒店会选择城市的特色郊区；经济型酒店依据其客源方向选择交通方便之处或城市繁华区的附近或风景区的边缘。

酒店的市场就是旅行和出差的人，他们希望的住宿地就是酒店的位置。

旅行的目的性和交通的方便性是旅行者期望住地的两个选项，当两个选项矛盾时，旅行的目的性会成为唯一选项。所以世界上有相当多的度假型酒店位于奇景深处而交通不甚方便或甚不方便，有些酒店的交通不便成了它的特色而被人向往。

商务型酒店的旅行目的性与交通的方便性一般容易统一。度假型酒店则不然，相当多的景区、旅游区都在交通不甚方便的地方，而大多数景区的道路仅到达一般游人聚集之处，而度假型酒店一般会避开人流聚集热点，很可能交通并不方便。酒店的建设会努力创造方便的交通。相当多的景区、奇特的休闲地处在地势复杂或山岭险峻之中，本身也不具有方便的交通条件，正因为这种不方便才引起旅行者在其中住宿的渴望，这也正是酒店投资人的冲动所在。这种情况下，交通的方便不再是选址条件，交通成了要解决的课题，最终的解决方案也一定称不上"方便"，"酒香不怕巷子深"就是答案。

经济型酒店的选址，一般不是项目选地，经常是基地吸引项目。在城市繁华的商务区边缘或小块用地的出现，会引起经济型酒店投资人的青睐。因为经济型酒店重视营销价格的管理，自然对土地的出让价和建议成本、运营成本斤斤计较，故在选址时重视繁华商务区的边角或异形的小块用地。

（2）空间与流线的复杂性

为了给酒店的客人最好的感觉和最周到的服务，酒店就要向顾客展示舒适、美感、清洁而富有情趣的空间，同时又要能给予顾客最及时、温馨、体贴而适宜的服务，但不能让顾客看到服务后面复杂的装备，防止因服务而干扰顾客的心情，酒店应当严格地区分前场空间和后场空间，不因后场的繁忙影响到前场的宁静与舒心，也不因前场客人的行为而干扰后场的秩序和控制。

前场区域主要有接待区、客房区、餐饮区、康乐区、会议区、园林区等室内外空间；后场区域除所有前场各功能区的服务空间外，还有厨房区、洗衣房、卸货区、仓库区、动力设备区、员工生活区和管理及办公区等。

酒店的后场是一个清晰而有秩序的系统，它包含有服务系统、物品供应系统、能源保障系统、食品供应系统、安全监控系统和污物清理系统等，各自有自己的流线，并应相互分离不干扰。酒店的空间关系如同一个生命体，有神经、血液、消化和排泄等功能系统，才能保证这个生命健康地运行（图6-2）。

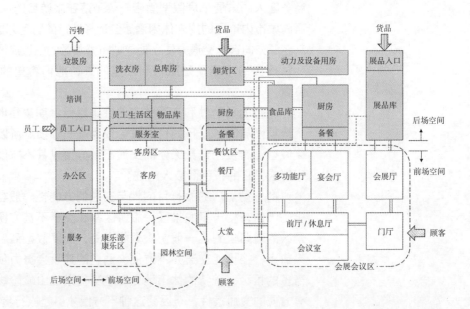

图6-2 酒店的基本空间框架

（3）酒店彰显个性

几乎没有相同的酒店，即使同一品牌采用同一技术标准设计的酒店也是不尽相同，各具特色的。因为旅行者或商务出差的人有着猎奇的心理，追求新鲜感，品牌酒店管理公司在发展会员旅客时也会向会员展示各地或一个城市中不同地段同一品牌的不同风采，吸引顾客的光临。

个性展示为的是市场知名度，引起人们的关注和传颂。

特别而举世无双的形态可以成为个性，度假酒店在个性特色方面更为重视。首先在功能内容方面寻求特色，如博彩业、体育休闲、高尔夫、水疗、登山、潜海、滑雪、主题演出……能寻找到很多类型特色，充分利用地域景观和自然条件资源，发挥资源的价值创造特色；其次在形态上创造特色，如新加坡金沙酒店高空巨大无边的泳池，形态的简洁和巨构给人视觉强烈的冲击，留下深刻的记忆；富有特色的内功能和内空间可以成为个性特色，如澳门的威尼斯人酒店；独特的环境资源与酒店位置的良好结合也可以成为个性，如台湾日月潭的涵碧楼酒店；气氛特性也可成为个性，如分布于世界各僻静地段的安缦系列酒店，幽静安详成了其个性。特色的功能、特色的餐饮、特色的内空间形态、特别的卫生间设计、特别的客房都有可能成为酒店的个性特色。

在同一地域、同一城市的市场环境中，树立在这一市场环境中的竞争优势地位创造酒店的个性特色，需要足够的"特"，足够的占位。个性彰显的点不在于多而在于特。

（4）酒店管理的标准化

酒店营销的是"空间＋服务"，而衡量服务质量的尺度是标准。现在许多品牌酒店管理公司进入中国市场，开展了和投资者合作的大竞争，每一家管理品牌都推行着他们自己自信的标准，这就是酒店服务和建设的标准，成了酒店的典型特性。品牌标准是管理公司长期的建设经验和管理经验的积累，是在对顾客的生活需求、心理需求调查研究基础上衡量酒店满足能力的总结，也是与酒店管理成本相匹配的服务和建造的控制标准，是酒店管理公司无形资产的重要组成部分。

不同的品牌有其自己的标准，但大多数品牌标准在满足顾客需求的主要建设标准方面基本相近或相似，不会有太大的差异。

酒店的设计或建筑策划工作中，应首先明确未来的酒店管理公司，或明确酒店管理模式。相当多的建设投资人有意开拓酒店经营管理，甚至有自己的管理品牌，但管理标准不尽完善，也可在项目的开发建设中加强建设和完善，开发建设也能促进管理标准的建设，标准本来就是建筑与管理实践的总结，反过来指导建设与管理，相辅相成。

3）酒店的安全性

酒店建筑的安全性是所有类型建筑中最为突出的。因为酒店是人流聚集的建筑空间，人在其中待的时间很长并要过夜，过夜的人是睡眠状态，易失去警觉性，要依靠建筑物的安全性能来保障众多人的生命安全；又因为入住酒店的人群，有老有幼，甚至有体弱者；还因为酒店空间对于顾客而言是一个生疏的场所，在发生安全事件时，他们因环境生疏而不知所措，容易失去自救和自我逃生能力。因此，在酒店的建筑设计和建筑策划中会比其他很多建筑更重视安全性。

酒店的安全包含防火、防风灾、防海啸、防地震等自然灾害，还包含防盗、防人为伤害等安全隐患等。相比国际游客而言，中国旅游者的安全意识和警惕性较薄弱，所以接待中国游客的酒店更应加强安全的警示和安全设施的宣传。

（1）酒店的防火

酒店旅馆的火灾发生率比住宅高，发生火灾后造成的人员伤亡也比住宅严重。在1970~1980年间，世界上酒店旅馆业火灾发生较严重，后来在建设和管理上的重视和改进，火灾已有所减少。

20世纪70~80年代，世界酒店业发展很快，正是美、日等国经济发展期，酒店发展迅猛，而安全性尚未被充分认识，火灾损失很大，但同时巨大的损失让人们认识到酒店建筑防火设计的重要性。

1971~1981 年，美国假日、喜来登、希尔顿等 7 家酒店集团共发生火灾 55 次，死亡 47 人，受伤 567 人，经济损失 3400 万美元。日本1972~1986 年的 15 年间发生旅馆火灾 322 起，死亡人数高达 4900 多人。

当年旅馆火灾的起火原因主要是：客房内吸烟，尤其是酒后卧床吸烟导致（占 56.5%）；电器线路故障、发热引起；厨房、锅炉房等明火使用不当而起火。造成严重人员伤亡的主要原因为：避难线路被关闭、旅客迷失方向、自动报警失灵等。近些年来，人们对防火的重视，卧床吸烟行为的减少，设施的改进，人们意识的增强，酒店火灾情况真正达到减灾减损失的效果。

从酒店火灾的实例分析中，人们认识到酒店火灾的特点：

①酒店火灾通常发生在后半夜，凌晨 2~4 点，人们熟睡，管理人员疲劳；

②火灾被发现太迟，多数火灾起源客房，而客房是私密场所，不易发现，等被发现时，已造成灾情；

③死亡者以老幼病弱者居多，一些语言不通的国外旅行者也是火灾受害者。

从酒店旅馆的火灾实例分析中，可以得到酒店建筑的防火设计要点：

①严格执行防火设计规范中的建筑物耐火等级，减少建筑的火荷载；建筑构件、墙体的燃烧性能和耐火极限应满足规范要求；内装修、内饰品的材料应非燃化和难燃化，不用易燃品；

②严格划分防火分区；

③加强预警和早期预报；

④安全疏散口设计应科学合规，防排烟系统应完善；

⑤完善的灭火设施。

（2）防风灾，防海啸

相当多的情况下，酒店会设置在海滨、高山山冈等风敏感地段，在这些地段，风和海潮有可能成为灾害。所以从酒店选址开始就应重视防风灾防海啸的意识。从选址开始就重视避开受灾的危害是最根本最科学的低成本防灾策略。

风灾的破坏主要是对建筑的巨大水平推力，导致结构受损破坏，另一方面是对建筑的围护体、门、窗的破坏，伤害旅客的安全。在中国大陆东南沿海地区和海岛，有台风的侵害袭击，这种风灾的破坏力是相当巨大的。当今，除龙卷风还无法预测外，其他强风均已有预测预报和防御的措施及能力。

酒店的抗风灾设计和策划要点：

①选址应避开风口和强台风登陆地段；

②重视风压荷载及高度变化系数的准确选用，并按规范设计抗风能力；

③重视强风、台风袭击规律的研究，有针对性地采取抗风构造措施

及由风而雨的次生灾害的防御；

④重视建筑物背风面的负压破坏的防御措施。

（3）震灾防御

地震的破坏力有时是相当严重的，酒店在策划和设计时应有明确的避灾意识：

①选址应避开地势地形变化地段，避开断裂带，选择地基稳定的地段；

②严格执行抗震设计规范和设计规程；

③根据设防烈度的要求，适当地确定建筑体形的完整性和建筑物内外悬挂物的设置方案，避免震害；

④重视疏散系统和路线的顺畅和明确。

（4）其他安全性策划要点

酒店的安全性除上述减灾救灾能力外，还包含食品供应安全、顾客行为安全、卫生洗浴安全、泳池安全、运动安全、无障碍通行安全、电器用品安全等各个方面。

酒店的安全体现在各个方面，各个成熟有经验的管理公司都有自己的酒店服务及建设标准，其中许多条目和细节要求都体现了对安全性的重视。在酒店的建筑策划工作中，不仅要重视空间组成面积指标这些大局，同时不要忽视标准中的细节，其中很多是与酒店安全有关的内容。

如，食品运送流线的规定，儿童俱乐部地面的材质要求，浴室地面的材质，泳池的水深规定，露天步道的台阶设置，插座的位置，公共场所电器开关的设置方法和位置规定，后场运输走廊的防撞设施，门扇的防撞方法，玻璃隔断的警示标识，楼梯扶手防滑行方法等等均应予以理解和重视。

酒店是一个流线较复杂的建筑，各种功能流线与顾客行为流线组织得越清晰越简明，就越有利于安全。

在追求创意和标志性空间时，应重视安全性的要求，不应使创造性与安全性相矛盾，而应使二者统一。

4）度假酒店的市场

商务酒店的市场主要依据社会经济的发展和商务活跃程度，而度假酒店的市场除社会经济的发展水平之外，更与旅游业的开发程度相关。世界上很多著名旅游目的地的度假酒店都很发达，吸引了来自世界各地的旅行者，但它自身的社会经济发展水平并不繁荣。度假酒店的市场不局限于酒店所在地域，还在于整个世界的经济活跃程度。

经济全球化在度假酒店的市场方面表现得很明显，在世界经济危机时期，全球的旅游业都会萧条，度假酒店的市场自然会萎缩。

度假酒店的市场与经济大环境相关，与客源地经济发展水平相关，与目的地经济水平也有一定关系；与客源地居民的年平均可支配收入及他们的消费习惯（或称消费文化）相关，还与其旅行消费者的假期时间有关，与其所在国出行政策相关。

中国大陆这几年居民的年平均可支配收入逐年增长，且增长速度较快；公共假期及带薪假制度不断增加和完善；家庭消费观念正在发生变化，随着国家保障制度的完善，人们从重视储蓄逐步转向消费，旅游度假正成为国人的生活方式；中国政府积极鼓励出行旅游，各国也相应放开了对中国大陆居民的旅行限制。在未来十年左右的时间里，占世界人口 1/5 的中国人旅游度假的生活需求将会大大促进各旅游目的地度假酒店市场的发展（图 6-3、表 6-3）。

度假酒店的市场与其所在旅游目的地的知名度有极大关系。旅游目的地才是旅行者旅行生活的目的。而度假酒店仅是旅行生活的安身之处，度假是对繁忙工作的调剂，是现代生活方式中劳逸结合的一环，为了生活品质，人们追求度假的安逸、舒心和放松。酒店的管理以其对度假生活的专业性理解和丰富的经验为旅行者提供了他们的所需。优质资源的旅游目的地与优秀酒店管理品牌的结合能够赢得度假酒店的市场。

在同一旅游目的地区域，会有众多度假酒店并客观地存在同质市场竞争。旅游度假产业存在淡旺季节，在市场引导下，度假酒店的配置正处在淡季充裕、旺季不足的供求状态下。同处一地的度假酒店淡季时存在游客市场的竞争，在旺季时存在价格上的竞争，这是自然的市场规律。

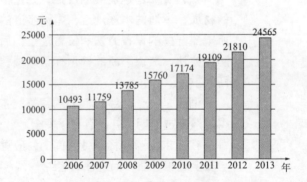

图 6-3　中国大陆居民可支配收入平均值
（资料来源：中国国家统计局）

各国及地区平均带薪假日　　　　　　　　　　　表 6-3

洲属	国家和地区	平均带薪假（天）	度假时间
北美洲	美国	21~35	平均 3 夜
	加拿大	14~21	
欧洲	英、德	18~21	平均 5 夜
	法、西、丹	30~35	
	荷、比	24~25	
大洋洲	澳、巴西	28~30	平均 3.5 夜
亚洲	韩、泰	20	
南美洲	中国港、台	7~14、7~30	
亚洲	中国大陆	9~20	

为了在市场竞争中占据优势，度假酒店努力营造自己的品牌优势，构建功能优势，提升服务优势，不断探索新的改造和完善功能，因而也涌现了许多新兴的功能因素。

例如，目的地度假酒店不断地增设更多的服务产品来丰富自己，为旅客提供更多留下的理由。尤其白天外出旅行归来后仍需丰富的夜生活，零售、娱乐、教育、康体、SPA 之外，涌现了"主题歌舞演出"，讲述与目的地相关的传说故事等。

又如，目的地度假酒店消费一单制，将客房、餐饮、酒饮、SPA 等纳入度假定制套餐的消费一单制，使旅客更加自如自在和随意。

再如，针对团队、家庭、企业的旅行团队，制定的庆典型、生日型、聚会型等各项晚间活动；创建巨大的商业夜市和免税店等等。

度假酒店在市场的竞争中，不断地发展、完善和拓展，已经走上再创造的道路，与传统的酒店有了很大的变化。当然也同时涌现出以宁静、安详氛围著称的休闲酒店和狂野、猎奇的帐篷酒店等。

遵循品牌标准的度假酒店和依据市场需求而探索的新型度假酒店不是矛盾的，而会同时存在，并且会共存于同一酒店之中。因为任何品牌标准都是过去顺应市场的经验总结，会适时地顺应市场并在市场竞争中修订、完善再充实。

部分目的地的旅游市场是具有明显季节性的。由于地理位置的原因，某些地区在每年夏季会迎来旅行高峰，而冬季则无人问津。旺季的游客也是逐步增加至峰值然后逐步减少至零。

2007 年在做新疆慕士塔格大酒店建筑策划时，起初不理解业主方提出的"吸取现状蒙古包客房"因素的真实含义，只理会其中的市场适应价值，提出眺望慕士塔格雪山的布局。后经调查市场方才认识到每年 5 月游客到来，逐月增加，9 月达到游客高峰，客房供不应求，然后又逐月减少，11 月底趋零。这时才想到蒙古包方案逐月增开再逐月减缩的适应市场的多院落组合方案，得到业主的肯定。

5）经营性酒店建筑策划中的资源观念

经营性酒店特别是经营性度假酒店当随市场需求而坐落在旅游目的地时，它与传统意义上的建筑选址概念是不相同的，或者可以说是很不相同的。

一般认为建设项目选址要考虑适建条件，如交通方便、市政兼备、能源可靠、资源充分等。而度假酒店或旅游目的地度假酒店是冲着旅游目的地而建的，适建条件未必好，甚至是很不好，根本谈不上适建，但市场需求也要建。这种情况下，一个正确的资源观念就显得十分重要。

归纳起来，可以认为在酒店的建筑策划中，资源观念有 3 个方面，即发现和发掘资源并充分利用来创造酒店的特色，有效地节约资源创造绿色酒店，解决缺乏资源的矛盾在资源奇缺的条件下建设酒店。

（1）发掘资源创造特色

正常适建条件下建设酒店，应努力挖掘基地及环境条件，发现和发掘资源的能力，创造酒店的特色，提升酒店的价值。这就是建筑策划的价值体现。

2010年承接的海南文昌紫贝湾酒店及酒店公寓策划项目时，在研究文昌气候特征过程中逐步认识到文昌的气候优势，更努力完善对文昌气候的研究，充分发挥气候资源优势，逐步形成了"看天的紫贝湾"的策划理念。

文昌位于海南岛的东北角，东临宽阔无际的海洋，常年有海风自东向西拂过，文昌有最洁净的天空，造就了它西侧有最清洁空气的省会城市——海口。因为文昌位于海岛北部，又临海边，因而它没有三亚那样的酷热。夏日午后常有阵雨，雨后即有凉风拂过，清风爽身、晴空万里，傍晚更是美好时光。湛蓝色的天空中，满天星斗，明亮月光，偶尔飘过一片白云，方知为何航天发射场选址在文昌。

紫贝湾位于文昌清澜海湾内陆1.5km处，占地5hm^2，设有酒店、酒店式公寓和别墅，定位在中等偏高的档位。由于周边开发项目众多，存在同质竞争，为居优势，本项目策划中，依据"看天"的理念，创造了各类型的天台、露台、地台等赏天、享天的空间，并与酒店、公寓、别墅的室内外空间相融合，形成了独具特色的空间形态（图6-4~图6-9）。

2015年在帕劳度假酒店策划中，针对一块仅3000m^{2}的建设基地，进行了认真的分析研究。

帕劳是位于菲律宾东面太平洋中的岛国（北纬8°，东经135°），由若干大小不等的岛屿组成。这块基地是连接岛屿桥头的一座小岛，仅25m×100m大小，除去道路和泊车空间，仅有不足3000m^{2}基地，允许适度扩展。

由于四周环海的狭小基地，而创造了顶层的天际泳池；由于有限地扩展填海而建成了精致的水上别墅；由于涨落潮的海水位差，创造了落潮时为水上露台，涨潮时为私家泳池的滨水露台。有限基地，无限空间，如若实现将会成为帕劳的标志。

（2）因地制宜节约资源

酒店建设及运营都是非常消耗资源和能源的。全世界旅游业耗能约占总能耗的3.2%，二氧化碳排放约占总排放量的5.3%，就行业而言已属较高耗能行业。相对于办公、商业、学校、医院、剧场等公共建筑而言，酒店旅馆在同等建筑规模时是耗能最高的，比医院多25%，比办公多80%，比学校多200%。从行业和酒店业自身经营效益而言，也都非常重视能耗和资源的节约使用。在酒店的总运营成本中，建筑管理和行政管理费中，能源消耗费约占35%，比员工工资总额还要高，所以在酒店管理中都会非常重视节约能源和节约资源。

酒店旅馆从建设之初就应注重节能节水节地，为日后的运营管理创

图 6-4 紫贝湾酒店鸟瞰图
（一）

图 6-5 紫贝湾酒店鸟瞰图
（二）

图 6-6 紫贝湾酒店全景

图6-7　酒店顶层享天平台

图6-8　别墅屋顶效果图

图6-9　公寓顶层花园

造一个绿色运营的基础。2010年进行的南宁五象山庄方案概念设计时，就运用建筑策划的思维，针对起伏变化的场地和南宁亚热带气候条件特征，采用了依坡就势的布局和适应气候的建筑策略，进行策划和设计，使整个酒店在建成后达到了二星绿色酒店标准，达到节能节地节水目标。

（3）攻克主要矛盾，在资源奇缺地区进行酒店建设

旅游酒店有时会建在特别的地点，甚至是无人居住过的险境，但因为它的险、奇、特，而产生了旅游价值，但对于酒店建设而言，就有了意想不到的种种难题。

2005年，某著名旅游产业开发商要在慕士塔格山上海拔4300m处建一座登山旅行酒店，在塔克拉玛干沙漠里的尼雅建一座考察旅行者的尼雅宾舍。这两处在资源条件上存在着无能源、无动力、缺水等问题，在交通运输上非常困难，建筑材料运不进去，能源动力如何解决，水从何而来，污水、污物如何处置等一系列问题。

在经过实地考察和对周边调查后，展开了建筑策划研究，几番反复并与开发商多次讨论获得了妥善的方案，特别是在两个特色酒店的后方分别建设两个基地酒店作为前端特色酒店的支撑后援，使问题得到解决。

6.4.5　酒店场地研究在酒店策划中的作用

在酒店旅游的建筑策划中，在建设基地确定后，对场地的分析研究非常重要。场地的环境条件包含了城市对建设的制约信息，也包含有支持的积极信息，基地的周边地貌、本身地貌、历史文化的遗迹等对布局的影响，树木、植被资源、水资源条件等都会引导策划者思考。

场地踏勘、场地调查越详尽越好，复杂的场地需要多次考察，在考察中思考，带着思考再考察。

场地的分析研究是在基地调查清楚的基础上，按照交通、规划、市政条件等外界条件，气候、日照、雨水、风向等气象条件，地形、坡度、坡向、汇水、土质等地质条件，树林、植被等自然条件；遗迹、房屋等人文条件……分类列出，再作分项研究，作支持积极度和制约消极度分析，再列出必须保护、避让、利用、改造等建议，还可以从中整理出对建设酒店特色点的支撑性资源，对策划起到推进的作用。

2005年在南宁五象山庄概念设计中，经过对北区起伏地形和城市道路噪声环境的分析研究，获得了依坡就势，利用山岭作隔噪设施，利用洪沟的深坑解决高大室内空间建筑，利用汇水地形创造中心景观，依坡就势布置建筑，获得了适宜地势、适宜气候的具有地域建筑特征的酒店形象。

6.5 租赁性建筑

6.5.1 租赁性建筑的概念

租赁性建筑的投资是建立在投资人自持物业的基础上，通过自持物业的出租或分割出租所获得的收益实现投资回报。更重要的收益回报还在于自持物业随土地而带来的物业增值。

在房地产业发育发展的进程中经历着几个不同的发育期，而租赁性建筑也正是随着这些不同发育期而逐步发展健全和成熟。房地产发育初期，市场购置物业的能力较弱，开发商获得土地开发权时，会以低廉的投资建设低端的租赁建筑满足市场的基础性需求，在获得租金回报的同时，培育地区环境的商业氛围，促使土地的增值；房地产业发育发展逐步成熟后，土地供给逐步稀缺，当还能再获得开发土地时，开发商会选择舍弃初级低端的租赁建筑，改为投资商品性建筑，尽快将增值土地的价值变现而获得更强的开发能力；房地产业发育成熟期后，土地供应达到极稀缺时期，有能力的开发商认识到土地已成为不可再生的资源时，不会将土地作为物业的依附品出让，即不会再投资商品性建筑一次性出让获利，而是投资建设租赁性建筑，实现自持物业随土地巨幅增值，同时通过租赁收益又获回报，获得双重甚至多重收益，实现巨额回报。

租赁性建筑的投资规律充分体现了不动产的价值规律。

租赁商业建筑是投资人建设可供分割租赁的建筑空间，可以是投资人直接出租，也可能建成后转让或分割转让给租赁经纪人再行租赁经营。它不是物业持有人直接使用经营商业，而是物业持有人租赁给商业经营者。

租赁商业建筑除具有租赁性建筑的特性之外，还可能有商业建筑的特性，二者叠合构成了租赁商业建筑的特性，了解和掌握它们有助于开展建筑策划工作。

6.5.2 租赁性建筑的特性

1）租赁性建筑有多重业主

租赁性建筑的建设投资人是建筑物业主人，但未来租赁使用者是建筑物的使用人，也是实质上的主人。如果出现整体租赁装修（二次投资）后再行分割出租，就会产生三重业主——产权业主、管物业主、使用业主。之所以称其业主，是因为在一定时段内，他们是真正能对建筑物掌管使用权的。

在此类建筑的策划、设计阶段，建设投资人（产权业主）不只是将自己的愿望和要求作为策划设计的原则，同时会真心了解多重业主的需求，并千方百计去满足他们的要求，甚至会牺牲自己的方便和部分愿望去满足后者的要求，这是由市场规律所决定的。

2）租赁性建筑的空间在生命周期内是多变不定的

租赁性建筑的租赁使用是有时间段划分的，租用期满后会随使用业主的更替而改变空间组合，改变功能内容，改变装修风格。

出租单元规模的改变，会造成能源供应、能源划分的计量系统的重新组织，租赁性建筑在初始设计中应当充分研究并适应这种多变的可能。

3）租赁性建筑的租赁者不是建筑的最终消费者，而是消费的服务者

为了这个服务的效果，他们努力追求尽可能贴近消费者，方便消费者。所以每一个租赁单元都希望有好的受众面，最怕处在死角位置。租赁性建筑十分重视消费者路径的布置及租赁单元临路径条件的均匀性。

6.5.3　租赁性建筑的建筑策划要点

1）租赁性建筑的建筑空间应具有较强的分隔弹性

租赁市场需求是变化的，而租赁又是有期限的，所以在建设期间要预见未来租赁市场的需求不是件容易的事。策划和设计如能尽量强化建筑空间的分隔弹性和分隔灵活性，便会提高租赁性建筑的市场适应能力。

2）供应保障体系清晰的分户计量

供电、供水、供能及污物排放都应当分户计量、界定清晰。但是，租赁单元的规模并不都是一样大小的，由于它们在不同租赁期的分隔变化，造成了分户计量界定清晰的复杂性。这应当采用模块式设计组合，创造出与不同城市不同市场发育程度相适应的模块规模的选择，这是策划工作中重要的一环。

3）关注租赁单元的市场环境均好性

租赁者是为了经营，无论从事何种经营业务，都希望顾客盈门，生意兴隆，这就需要一个良好的市场环境。在租赁性建筑的内部总是会存在不同楼层、不同区位的问题，而策划就应当弱化它们的差异，将市场环境资源尽可能均匀分布于每个单元模块。

策划中会采用中庭空间去淡化不同楼层的差异，采用内街去惠顾不同区位，区位尽端和角部位置增加垂直交通来引导人流等等。

4）物业主人对租赁单位的有效管理

租赁性建筑由于租赁单元多、租赁期不同、经营门类千差万别、租赁人性格各不相同等因素，使这类建筑的管理变得非常复杂。而建设投资人希望未来的管理方便而有效，努力实现投资人（租赁性建筑的物业主人）的愿望是这类建筑策划的重点之一。

这里所说的管理包含建筑物的安全管理、市政保障管理、人流路线及物流路线的通畅、公共空间的清洁卫生，广告宣传品的规范化、法制化、租赁费、水电能源耗费、清洁卫生垃圾费等费用的有效收取，公共纪律及营业时间的管理，门禁安全等诸多方面。

策划案应当在有限管理和方便经营活动二者间找到合适的结合点。只有管理而失去经营活力的租赁性建筑是没有生命力的，当然也不是建设投资人的追求。

6.6 公益性建筑

6.6.1 公益性建筑的概念

公益性建筑是为社会公众提供公共服务、公众平等共享的建筑。投资公益性建筑不以营利为目的，或不以直接盈利为目的。

公益性建筑因投资方式不同也分为若干类型，如完全全民资本的公益性投资、社会组织机构自筹资金投资、企业捐赠或个人捐赠型投资等公益性建筑。此外，还有行业投资的半公益性公共建筑，如专业博物馆、行业博物馆（如丝绸博物馆、算盘博物馆、汽车博物馆等），它们不同于城市的博物馆，虽然也不收取门票对公众开放，投资不取盈利，但它们如同是行业产品的广告投资，是一种间接的回报方式。这类建筑的策划有其自身的规律和要点。

本书就公益性建筑的讨论，主要是捐赠和自筹资金的公益性建筑。全民资本的公益性建筑的投资决策主要采用项目建议书和可行性研究的决策程序，但近些年来，两种决策方法也在相互借鉴相互融合，相互取长补短。

公益性建筑由出资人建设，建成后捐献建筑物，也有的是在出资人监督或委托第三方监督下受捐者组织实施建设，还有的是出资人捐献资金由公益性组织机构实施建设等多种形式。

公益性建筑民间出资人的捐献行为主要出于社会责任感，出于慈善之心，但在客观上仍然是一种投资行为，即从扩大企业的社会影响力、扩大知名度、树立企业和企业家的公众信任度或通过行业博物馆的展示宣传企业和产品等，从而获得税务优待、广告费消减、产品推广等方面的直接利益，以及社会地位、社会声誉等方面的间接利益。

6.6.2 公益性建筑的特性

1）公益性建筑重视社会影响力

公益性建筑一般建设规模不大，但投资人力求引起社会关注。民营机构和个人捐建的项目都希望项目能真正解决某一方面的实际问题，同时又能引起社会的广泛关注。那些真正想帮助解决实际问题而不求社会关注的捐献者一般不采用捐赠公益性建筑的形式，而是直接隐姓埋名捐献。

捐赠出资人关注资金是否真正直接用于建筑，关心建筑的功能是否适用、质量是否可靠，会亲自过问建设的主要过程，有时会委托信赖的建筑师监督整个建设过程。

公益性建筑的社会影响力是通过其功能发挥作用解决实际问题、获得社会舆论的称颂而获得的，当然它的外观让人记得住、印象深刻也起着一定的辅助作用。

2）公益性建筑一般是定额设计定额建造的

它的建造资金是捐助出资机构通过慎重研究决定的，决定出资的同时已确定了建设规模和投资额。一般情况下，投资额与其建设规模是基本适应的，但一定不富裕，而且是仅够或稍偏紧的造价水平。

公益性建筑很难获得资金的追加，当实施过程中发现资金缺口时甚至会减小规模来完成建造，这会使公益性建筑的初始目标打折扣，是资助人和受援者及社会各界均不愿看到的。所以，计划的制定应严谨，实施执行应认真，才能达到预期的目标。

3）受援者是公益性建筑的产权业主，同时是公益性建筑运行承担者

公益性建筑的投资人在出资、建设过程中有话语权，一旦建成捐赠后就不再是产权业主，也不应再有话语权和管理权。而建筑的日常运行也是需要成本的，这笔费用来自于受援者。

一般而言，公益性建筑的受助者在经济能力方面是较薄弱的，对公益性建筑的日常运行和维护成本，希望能降到很低，这一点是公益性建筑设计应认真对待的。援助或捐助建设的物业不能成为受助方的经济负担，在这类建筑的投资策划阶段应特别重视受助者维护建筑运行的费用额度及其来源。

在公益性建筑中有可以经营的建筑，有不可以经营的建筑。专业性博物馆、文化性活动场所可以用低廉的门票收入来维护建筑的运行；九年制义务教育设施不可经营，但可依靠政府的专项教育经费来维护建筑运行；还有些公益性建筑需要有关慈善机构年度资助来维护运行。但无论如何，从设计之初重视降低运营成本是非常重要的，因为维护运行的资金来源不容易、不富裕。

6.6.3 公益性建筑的本质和类型

公益性建筑是指社会各方面捐助性、救济性善款用于捐助性建设投资的建筑。捐款人不以赢利为投资目的，真正解决社会基层大众中某些群体或某项事业急需解决的建筑空间方面的问题是捐资人的目的，捐资人由此获得崇高的社会声誉、社会影响力或其他方面的回报，或捐资人不求任何回报。

公益性建筑未来的管理者、使用者是建筑的业主，管理者是业主代表。出资人对建筑的建设态度有多种情况，有的表示只出资不干预，有的则要求原则性干预投资总额和建设总效果，有些会参与许多细节。多数情况下，公益性建筑的受捐机构作为未来建筑的管理者在建筑的决策中有较大的作用，出资人一般在投资初期的策划决策中有较重要的作用，这与捐助的协议内容有关，没有法定的要求。

公益性建筑的功能类型多样，如教育及学校建筑、文化及博物馆建筑、政策性住宅建筑、城市公共建筑等。从捐助资金渠道及出资人意图角度区分，大约可分为下列类型：灾后捐建类、企业定向捐助类、公共事业筹助类、自筹公益类等。

灾后捐建类近些年来已有很多，尤其是地震灾后全社会自发参与到灾后重建的事业中，学校、医院、文化设施、公共设施均顺利得到社会各界的支持并顺利实施，大多实现了预期。

企业定向捐助类也有了许多实例，著名的邵逸夫教育及医疗支持项目就是代表，邵氏兄弟电影公司捐助数百亿巨资，支持香港及大陆的学校和医院建设，遍及31个省市50余所大学6000余个建设项目。

公共事业筹助类在市场经济发达国家早已成熟，在中国大陆刚刚起步，尤其近几年政府开展吸引民营资本参与公共事业投资，探索政策和办法并开始试行。公共事业筹助类其中部分是直接投资寻求回报的，不应列入公益性建筑范畴，而出资参与公共事业建设并不直接在建设项目寻求回报而是由政府从其他途径予以奖励或回报的，宜作为筹助类公益性建筑看待。

自筹公益类建筑一般是社会组织发起，为社会公众办好事，筹建公共活动场所的建设项目。

1）中国政府援外工程项目

这是中国政府从国际主义精神出发、维护世界和平、促进人类进步事业，做出的贡献。每个五年计划都有国民经济发展成果一定比例的资金用于对世界欠发达地区的援建计划。这种援建计划是从世界大局、战略高度和外交需要各方面综合确定的，它与地域的灾情和突发事件没有关系，那是另一种公益性捐助，不可等同。

中国政府的对外援助不以私利和政治目的为出发点，从真正帮助受援国社会发展和经济发展的长远目标出发，向强化两国长远友谊和维护中国国家形象有利的方向努力。

这类项目的主项是受援国急需的项目，是对国家长远发展有举足轻重意义的项目，是促进受援国稳定、发展和有利于全国团结的项目。

这类项目的投资策划要点是：

（1）**适用**。切实解决受援国急需解决的问题。曾经一度在援外工程中议会会堂较多，那时是受援国民主化进程的需要；一段时间里医院工程较多，是受援国改善公民医疗条件的需要。

（2）**经济**。在援助总资金控制下要解决问题。这就需要确定适宜的建设标准，不能追求高标准，过高标准会因资金不足而压缩功能，影响效果；也不能过低标准而影响建筑的品质。建筑体形的简洁、交通流线的清晰简化是控制投资又不伤害建筑品质的最重要方法。

（3）美观。受当地人民喜爱，社会关注，反映两国人民友谊。

这方面把握很重要也很难，要有中国形象的展示，表达中国人民的情谊，但不能有中国文化入侵的倾向，要重视当地人民的生活习惯，文化喜好，才有亲切感，才会受当地人喜爱。同时，也不能为了美观形象而浪费资金提高建造成本。

虽然中国援外工程有许多具体设计要求，但归结起来仍是上述三条原则。

2）突发灾情的后援工程

随着社会文明程度的提高、国家经济能力的增强、和谐社会理念的深入人心，当一方遭受突发灾害后，国家及社会各界除及时抢险救灾外，还应同时展开灾后重建的援建工作，从根本上改善当地居民的生活环境条件。一方有难，八方支援，援建项目的资金来源，有国家及各地政府投入，有社会慈善机构的投入，有企业的爱心投入，有民众捐款的集中使用……

这类建设的投资决策机制还处在探索之中。各类资金来源不同，仍在采用各自认为有效的方式。

国家及地方政府的援建项目，沿用了全民资本投资的决策方式。社会慈善机构的援建项目，采用各自认为妥善的决策机制。例如，在四川汶川地震后，澳门红十字会聘请澳门社会信誉良好的建筑师为首的相关专家组成专门顾问委员会来监督援建工程的进度、质量和资金运用，包含项目的投资决策。来自企业的援建也是各不相同，多采用企业派代表参与决策，但项目由当时援建机构统一决策。民间的捐款纳入援建工程统一使用。由于资金的使用情况不够透明，援建出资人无法了解到资金的运用情况而引起一些质疑，这种建设的投资决策还有待探索一种科学的方式。

无论未来寻找到哪一种投资决策机制，笔者都认为决策的原则应包括以下几点：

（1）项目的功能、规模是当地急需的，是雪中送炭，而不是锦上添花。

（2）建设标准适宜。满足现代生活要求，但不必过分超前；满足安全需求，但不能追求过度坚固。

（3）适应当地气候（广义的气候，包含地形、水文等），利用当地材料，尊重当地习惯。

（4）便于管理维护和运行，不能成为当地的经济负担和人力负担。

（5）重视环境保护与生态平衡，不能造成当地环境污染、损害生态平衡。尽可能少占用土地，不占用良田。

（6）适当表达捐助投资人的形象。既可以表彰捐助人的爱心，鼓励他们继续关注社会公益，又可以让当地受助者感受到社会的温暖，让他们能感恩与关爱别人，促进社会的和谐发展。

6.6.4 公益性公共建筑的建筑策划原则和要点

1）建筑策划原则

（1）明确建设的目标

明确建设目标是所有建筑策划均应在事先明晰的问题，在公益性公共建筑的建筑策划中单独将此列在策划要点的首条，是因为出资人（出资机构）除去公共建筑的建设目标外，还有其出资的动因和潜在的目标。建筑策划的工作中也应为投资人实现其潜在的投资目标做技术服务，有责任了解其出资动因，使策划成果更贴近出资人的动机，使建设项目得以顺利实施。

建设目标包含公共建筑本身的目标，受捐机构的意见也很重要。受捐机构是未来建筑的使用管理者，一般情况下是业主，相当多的情况下，它也是配套出资方，至少是土地出资方。所以在功能、运行、管理等方面和城市与区域的关系方面，受捐机构的意见和愿望十分重要。捐资人的捐资动因也是建设目标的组成内容，其中有的与建设项目本身直接相关，经常与项目的形态相关；也有与建设项目非直接相关，但不会毫无关系。所以应当了解清楚，并在策划中予以体现。

（2）建筑的公共性

出资公益性建筑就是要展示出资人（出资机构）的社会责任感，建筑成果的公共性越强，这一目标就越加明显。捐助事件很少发生在无人知晓的私人建筑中（除个人友谊之外）。

建筑的公共性，在于其功能的公共性、大众性，在于项目位置的显著性，在于未来管理的开放性，开展活动的广泛性、重要性，建筑形态的标识性等。

（3）运行管理的方便与运行成本的可控

出资建设是一次性行为，很少有出资建设并保障运行的事（中央政府主导的支边项目是由各援建对口省市包建设包运行包培训人才）。

项目建成后，日常的运行管理和运行经费由受助机构承担，一般受助地区或受助机构经济能力和管理能力有限，所以公益性公共建筑的建设方案应适宜受助地区的实情，做到管理方便、运行成本可控。不能让捐建的公益建筑成为受助者的负担。

（4）限额设计和限额建造

公益性建筑从启动之始就已确定了投资总额，无论设计和建造过程发生什么样的变故均无法追加投资，所以限额设计、限额建造是其重要原则。

（5）维护受援方利益

公益性建筑投资目的是为了帮助受援地区或受援单位，所以维护受援方利益是重要的原则。中国的援外建设非常重视这一问题，援外的相关原则对这类建筑的策划有十分重要的指导作用。

中国对外的援建项目也类似公益性建筑，从建设投资的经济角度看，它们是完全不同于市场行为的投资，是援助性质，是出于国际责任的友好奉献，不讲经济上的回报。

中国是世界大国，一直重视履行大国国际义务，在自己还"一穷二白"时就开始了对外援建事业，随着国家发展和国力增强，对外援建事业也越来越多，越做越好了。中国的对外援建所遵循的对外援助八项原则及适合受援国国情、尊重其风俗、适合其使用、运行方便、运行成本可控、便于管理、尊重受援国主权的各方面原则，及推进受援国经济发展、提高教育水平、改善卫生条件等援助原则均与公益性建筑的建筑策划原则精神相一致。

（6）保证建筑质量，重视建筑品质

对于受援者而言，质量品质体现了真正的受益。对于出资人而言，质量品质显示了其社会责任感，如果因质量问题造成公共影响，不仅使受援方损失，也会造成出资方的信誉损失，得不偿失。

2）建筑策划要点

（1）建筑体的完整性和简洁性

公益性公共建筑宜给人一个简洁简明和完整的形象。切忌零碎而复杂的组合空间。零碎复杂的组合空间不易给人深刻印象，其空间公共性较弱；同时建筑外围护体面积较大，体形复杂，建造成本较高；建筑形体系数偏大，日常维护成本偏高。相比之下，简洁简明的完整形体外形简单、形象完整、维护方便、造价易控。

（2）核心功能应有较高品质，同时兼顾多功能

公益性公共建筑宜有社会所缺的核心功能并辅以多功能，切实解决受捐方的公共事业急需解决的问题。同时要努力创造较高品质的核心功能空间，既能使受捐方舒心满意，又使出资方获得名实相符的美名。

核心功能空间应追求达到在一定区域范围内名列前茅的品质水平，使其知名度攀升，在社会上拥有一定传颂度，从而使捐赠行为的实际价值得以提升。

（3）资源的发掘和充分利用

与所有类型的建筑策划一样，资源的发掘和充分利用是策划工作的重点。资源的发现、发掘和利用需要建筑师有开阔的视野、宽广的知识面和丰富的经验，对建设基地的条件、周边环境和经济政策等有敏感的资源意识，从而梳理出能作为资源的因素，以开展策划工作。

本书所列举的两个建筑策划项目都是利用资源而达到出资者预想目标的实例。

（4）创造适宜受援地区气候特征的建筑，减少能耗以降低运行成本

在中国大陆范围和亚洲大多数地区，每年均有 1/2 或更长的时间里能够有适宜的温度和湿度环境条件，可以采用自然通风、自然采光的方式获得适宜的建筑空间。因而可以充分地利用气候条件创造气候适宜性建筑，减少空调空间，减少封闭空间，以减少耗能，节约建造成本的同

时减少建筑维护成本和运行成本，这是符合公益性公共建筑捐资人和受捐人双方意愿的。

（5）创造适合受援地区公众生活习惯的建筑空间，建设他们喜欢的自己的家园

地域建筑的本质是地域人民的生活方式的体现。公益性捐建不能花钱建了人家不喜欢的建筑，不能以捐资人和建筑师的喜好代替受援地区人的喜好，不能强加于人。

作为公共建筑应当是公众都喜爱的场所，不应以少数人的喜好作为创作方向。当然公众的喜好也会与时俱进，要研究公众喜好的变化趋向，不是以其过时的陈旧的甚至没落的喜好作为公众喜好。这需要在深入而广泛调查的基础上研究创造。

6.7　自持自用建筑

6.7.1　自持自用建筑的概念

自持自用建筑是指建设单位自己持有物权、自己使用的建筑类型。

对于国有企业、国家机构、政府机关等为社会服务的单位，他们的工作场所建筑都是由上级主管部门确认需求，由国家建设投资主管部门审批，并投资建设，建成后其代表国有资本，拥有物权并可以自己使用；民营企业依据其资本的属性不同，有不同的投资决策体系来确定企业自用建筑的产权权属关系和使用者。

自持自用建筑依其功能类别可分为公共事业类建筑、社会管理机构办公建筑、企业事业单位办公及作业场所、社会公共服务设施及社会安全保障设施等。

公共事业类建筑，如飞机场、火车站、医院、学校等；社会管理机构办公建筑，如政府机构、人大政协办公楼、法院、检察院等办公及所属的机构办公和作业空间；社会公共服务设施，如体育场馆、电影院、文化馆、图书馆、公园等非商业盈利的设施；社会安全保障设施，如供电、供水、电信、网络、供热、燃气供应及消防、排污、防炭等设施。这些建筑和设施都属于全民资本投资用于为民众服务的建筑设施。近些年来，国家正研究和推行民营资本参与社会公共服务和公共保障设施的试点，出台一定的鼓励性政策，将会引起这类建筑投资决策方法的变化。

自持自用建筑的投资主体可以是国有资本，也可以是民营资本，还可以是合资型的股份制资本形式。从目前社会存在现实看，自持自用建筑中，国有资本占据了大部分比例。正因为如此，这类建筑的建设投资决策大多数是沿用国有资本基本建设程序，即"项目建议书－可行性研究"等一系列决策体系。

自持自用建筑的民营资本投资，采用各自企业的决策方式，因而需要建筑策划工作的支持和帮助。民营资本参与公共事业投资目前采用项目股份制企业的方式较多，采用的投资决策方法是：既要进行可行性研究，并通过相关职能部门、管理机构的评审和批准，还要经过民营出资企业的董事会投资决策，各自通过相应的投资决策程序。至于投资决策的相关技术文件编制并不需要两套，多数只进行可行性研究报告即可。个别有涉及民营企业单方利益而可研未曾涵盖的内容也有进行专项研究的个例。

6.7.2 自持自用建筑投资的目的和意义

自持自用建筑的投资目的是保证社会和国家机构及相应企业事业机构的高效健康运行，满足公民对社会活动和生活的公共需求，保障社会安定和安全。如果永不改变自持自用的性质，这类建筑的投资并不直接产生投资的经济效益，应更加重视这类建筑所发挥的社会效益。

在国有资本投资的自持自用建筑的投资决策中，其经济分析评价不是以投入产出的方法评定，而是以达到某种社会目标所花费的代价来评定。这里讲的代价不单纯指投资，还包含着能源、资源、社会的其他付出等综合代价，俗称的"少花钱、多办事、办好事"就是一个形象表述。

随着我国市场经济的发育发展，自持自用建筑的投资也由过去国有资本发展为多元化，早期的民企办公楼到后来的民企总部基地，再发展到现在的自持自用自主经营类型的城市综合体，发生了很大变化。加入自主经营模式的自持自用建筑就不再是单纯的自用性建设投资了，它产生了投资的直接经济效益，应分别纳入经营性或租赁性建筑予以研究。这里仍然是谈论包含民营资本投资的自持自用建筑。

说其不产生投资的直接经济效益不等于没有经济效益，它的经济效益反映在自持物业的增值。由于不动产基本概念所决定，附着于土地上的建筑物依其土地一同构成能持续增值的不动产业，所以自持自用建筑的投资具有满足自用空间需求的实用意义和自持物业持续增值的长远经济意义。

办公建筑是自持自用建筑中最常见的功能类型，既有全民资本投资提供给政府机构、国有企业、事业机构及科研单位使用的办公建筑，也有民营资本投资供给自身或下属机构使用的办公建筑。和其他建筑一样，它们的建设前期投资决策分别依据不同的投资主体而选择不同的决策程序。

民营资本投资的自持自用办公建筑一般均属于中小型综合楼，因为民营企业机构规模不大，会将管理办公、科研、生产聚于一处，加强企业内部联系，减少交流环节，节省建设和运行成本，提高企业效率。民营资本自持自用办公建筑对其而言是企业大事，非常重视，非常谨慎，所以建筑策划一般会很深入很细致，方能得到业主认可。

自持物业的办公建筑首先是满足办公使用功能，并不是直接投资求收益回报，它的投资效益是企业运行的间接性收益。自持物业带来的建筑物增值收益也是可观的，但一般不会影响建筑策划工作的展开，不作为策划思考的因素。

因为自己投资建设、自己使用、自己管理，所以在功能、成本、舒适度、建筑形态等各方面都会细微地关注到，甚至不属于前期工作的内容也会探究，因而建筑策划工作涉及的深度、广度是无法严格界定的，应当与投资人共同协商予以确定。

6.7.3　自持自用建筑的设计前期工作

国有资本投资的自持自用建筑的建设应严格遵循我国国有资本基本建设程序进行。

目前我国国有资本管理是与国有资本的投资决策分开的，国资委行使国有资本管理职能，发展与改革委员会行使国有资本投资决策的职能。此外，还有与其职能相配合的监督、审核、咨询、评估等机构和相应机制。这一系列的投资保障系统是完善而科学的，它们是在长期的社会主义建设中随着改革开放和国民经济发展的变化与时俱进地改进而形成的。

国有资本投资的自持自用建筑的建设投资决策按"项目建议书 – 可行性研究"的决策体系进行，本书第二章已有讲述。

民营资本投资的自持自用建筑的投资决策依据各企业自己的机制不尽相同，但大多会借助建筑策划工作提供一个进行决策的基础文件，由企业资本的掌控机构集体决定。这时的建筑策划工作甚至比企业进行的其他类型建设投资更加具体，更加深入，策划工作的反复修改次数也会更多。有以下特点：

（1）因为自用，所以更关注功能

民营企业的投资决策也是一个机构，由若干人员组成。在其他类型项目投资决策中，项目责任人的意见更为重要，其他人多半处在协助判断的角色；自持自用项目则不同，人人都是责任人甚至使用人，意见变得更加具体，更加细微，建筑功能成为评判的首要因素。

（2）因为是眼下的投资，更加关注内在品质

品质此时已不是单纯的观感，也不是单纯的质量，而是包含质量、观感、品位、科技含量、时尚情趣乃至节能、维护等方方面面的综合建筑品质。策划时能想到的，决策会上一定会关注，策划时未想到的，决策会上还会提出很多。

（3）因为是自己的企业场所，策划过程是反复而漫长的

谨慎是反复漫长的原因，策划人应当有耐心。这类项目建筑策划应该由资深的有丰富经验的建筑策划师担纲，能从初始阶段就全面统筹，不致遗漏某些方面的问题造成大的改动，这将会影响投资人的信心。

（4）因为是企业的脸面，更重视形象完美

民营企业没有特别的社会背景或者说没有强大的政治和经济的后盾，企业基地的空间形象至少会展示企业的方向和追求。不同的企业会有不

同的形象追求。有的需要展示其强大的经济实力，有的要显示其社会影响力，有的需表达它的科技能力和科技含量，有的要展示其社会亲和力和社会爱心等。所以建筑策划之初首先要了解投资的企业，了解它的宗旨、历史、远景计划，了解其核心人物的性格、志向、情趣，才能把握好形象策划的方向。

形象有很多不同的趋向，适当的兼容是可能的，一旦过多就会杂乱无章，有些民营企业希望能反映其更多的诉求，此时定要静心听取他的希望，从中梳理出主次，梳理出相互矛盾和可以兼容的主从关系，最终确定形象主题，突出主题，方能树立表达企业核心精神的形象。

（5）因为是自己投资自己的产权，更重视经济效益分析

项目投资计划在建筑策划之初一定有一个目标并且会告诉建筑策划师，最后也一定会再回到这个现实的问题上。

这个问题在整个建筑策划的过程中不会经常提起，甚至一直无人提起，但都是所有参与决策的人心中始终会在盘算着的事情，在最终定案之时此问题会明朗地提到会议桌上，若此经济效益分析成果与计划相当，则此成果能很快被确认。如果与原计划相差甚远，则计划书中应进行分项比较，对于过程中投资方提出的诸项建议的增加成本应逐项分列，以利于决策研究。

由于自持自用建筑的经济分析不涉及投入产出的财务性分析内容，仅涉及建设成本和建成后维护成本，或可预设不动产增值预测，这些应当在建筑策划工作范畴内，建筑策划在每轮修改时均宜对估算的变化做到心中有数，最终结果才不至于失控。

6.8 本章小结

基于对建筑经济属性的认识提出了一种投资概念的建筑分类方法，可分为商品性建筑、经营性建筑、租赁性建筑、公益性建筑和自持自用建筑。它们有各自不同的特性、不同的投资目标、不同的盈利模式、不同的运行规律，因而在建筑策划中会研究不同的市场需求、不同的管理、不同的建筑设计相应等，才能使资金投入、资源的投入发挥更好的效益，让建筑达到更综合、更完美的目标。

思考题

1. 试用本章提出的分类方法对你周边建筑做一次分类研究分析。
2. 选一个设计课题，做一个投资分类，再做寻找设计要点的尝试。

第7章

建筑策划实务案例

本章选择了十个案例，以简述和图表达建筑策划的成果，助以解析前六章讲述的建筑策划概念、原理、步骤与方法。十个项目分别属于按建设投资角度的建筑分类的五种类型，每种类型的两个案例又分别具有不同的投资渠道或不同的建筑产品类型。

由于篇幅所限，无法将案例的建筑策划书和验证方案图完整列入，仅以最简练的文字表述了项目背景、建设目标、基地分析和建筑策划要点，验证方案也仅选择最要紧的表达策划点的图和相应的技术指标表。阅读本章有助于理解建筑策划的核心内容，而建筑策划的思维方法还是应通过实践的探索积累而逐渐熟悉和熟练。

十个案例覆盖了投资角度分类的五个类别的十种情况，投资回报途径各不相同，针对的市场背景也不尽相同；在地域分布上，十个项目分布在 7 个省市，有海洋性气候也有大陆性气候，有严寒地区也有炎热地区，在气候适应策略上各不相同；在基地环境条件方面，有山地、坡地、洼地、戈壁地，适地方案也各具特色；在资源方面有匮乏地区也有优越地区，发掘资源、利用资源的策略各有其针对性。

相对于建筑策划可能的对象，十个案例仅是沧海一粟。问题会是包罗万象的，而策略也会是层出不穷的。乐于建筑策划实践探索的人总是有办法的人。

7.1 北京紫竹雅苑（中海紫竹院）建筑策划（1999 年）
——商品住宅类 [①]

1）基地分析

基地位于北京市西三环北路与五塔寺路交叉口东南方，基地呈长方形，东西长 329m，南北宽 40~50m，基地面积 17150m²。

基地北隔五塔寺路与万寿寺名胜、舞蹈学院相望，并有住宅楼紧临五塔寺路；西临西三环北路；南及东均为紫竹院公园，视野开阔，风景秀丽，是清代遗存的长河码头，现仍为旅游水系码头。

经踏勘、研究、分析，得认识结论：

（1）基地优势

·基地视野开阔；

---

① 前期建筑策划：曹亮功。

・东西狭长带来充足日照、良好通风和景观视野的均好条件；

・临三环路的方便交通和纵深临公园的安静；

・周边文化、教育、科研、公园等设施完备；

・景色优美、空气清新。

（2）基地劣势

・基地过窄，难做中心空间，易造成刻板外观；

・因狭窄而造成代征道路地比例过大，使销售面积难达到目标要求；

・建筑的形象在空旷空间中非常醒目，体形及立面形象要求很高；

・北侧路旁住宅的日照满足对本项目建筑高度限制。

2）营销市场分析与目标的认识

通过市场调研和基地条件，认为开发商提出的精品高端住宅的定位是正确的。

北京外籍人士、国外归来的人士、富足的家庭比例较大，对高端住宅需求强，所以开发商的定位有市场基础。

精品住宅不是普通住宅面积的简单扩张，也不是房间数量的简单增多，而是生活方式的改变和户内空间的优化及品质提升。在如此优越环境地段，规划允许业主提出的 4.43 容积率被理解，应努力实现。

3）本项目开发目标的制约点分析

狭窄基地给土地有效利用带来很大影响，主要有三条制约：

・北侧代征地很长，占比很大，造成可用地比例很低；

・北侧既有住宅的日照要求，限制了本项目建筑的高度；

・40~50m 宽的基地仅可设置一排建筑，为达到总建筑面积容量的要求，必然是进深很大的建筑，如何满足户内高品质空间的要求成为难题。

4）本项目建筑策划要点

（1）关于土地利用率，即容积率目标的保证。

业主采用招标形式选择设计单位，业主采用规划局建议的"三栋板楼或六栋塔楼"作为设定的条件，但业主的容积率目标为 4.4 是非常明确的。

根据上述条件，三栋板楼除去两端合理间距及楼间合规间距，楼长应为 96m；按北京板楼与北侧住宅间距为 1.7 楼高计，板楼为 13 层；三楼板楼在 18.4m 进深时，总建筑面积为 68600m²，容积率为 4.0。六栋塔楼方案按北京法规楼间距≥楼身宽的要求，塔楼身可做到 27m×27m，按塔楼身高与北侧住宅间距比 1.2 计，楼层可达 18 层，总建筑面积为 73220m²，容积率为 4.26。不满足目标要求。

本策划依据太阳轨迹和日照的分析，提出了三座塔楼连板方案，使建筑形体更具变化和韵律，楼间距更开阔，北侧既有住宅日照更有保障，户型更丰富，形体更生动，容积率达 4.43。

（2）环境资源的充分利用。

区位、景观、环境是本基地的重要资源，让每户都能享受到更充足的日照、良好的通风和180°视野，避免西晒户型，并设有共享的屋顶花园；

采用架空的低层空间将紫竹院引向基地内，使"位于公园旁"改变为"置于公园中"。

（3）利用地势差创造了特色地下空间。

利用地势差设置的错层地下车库及有自然采光的地下设施空间使小区公共设施更完善。

（4）利用狭长地势创造由闹渐静的小区公共空间。

（5）深入户型研究，创造21世纪初的北京高端户型（图7-1~图7-11）。

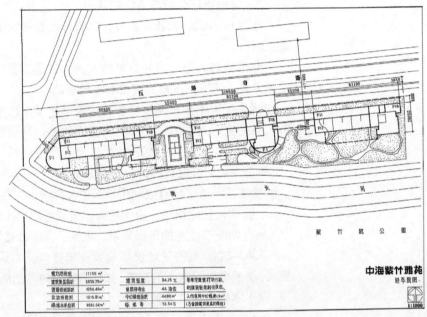

图7-1 紫竹雅苑总平面图

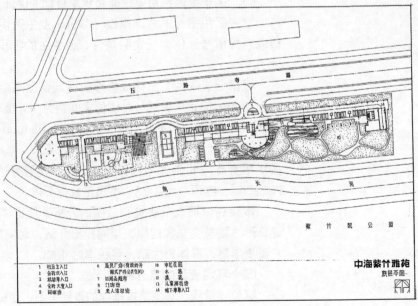

图7-2 紫竹雅苑底层平面图

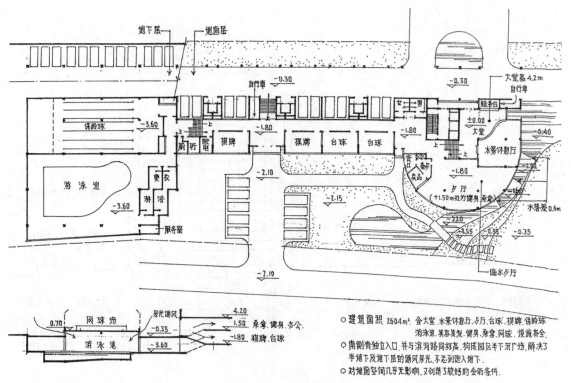

图 7-3　紫竹雅苑会所平面图

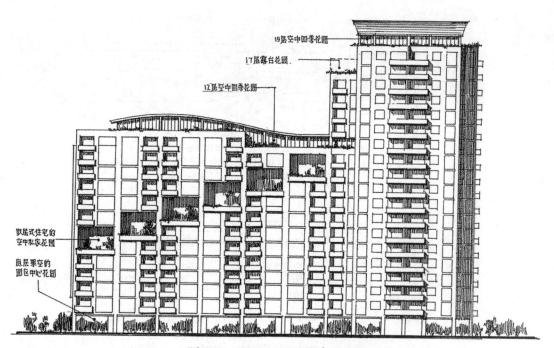

住在公园里　置身绿丛中　心语伴鸟鸣　诗境随清风

图 7-4　紫竹雅苑立面构思图

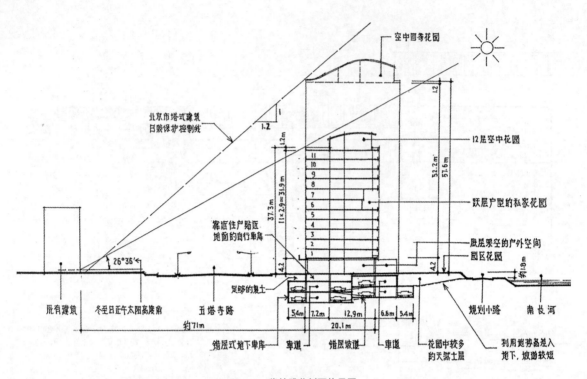

图 7-5 紫竹雅苑剖面构思图

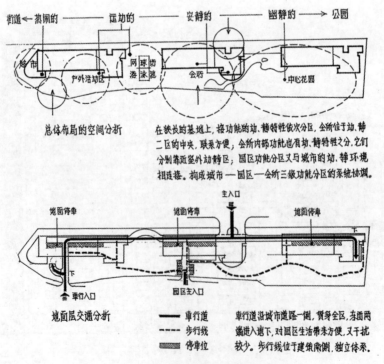

图 7-6 紫竹雅苑总体布局分析图

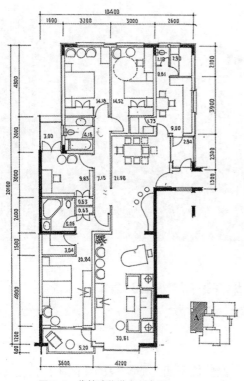

图7-7 紫竹雅苑塔式 A 户型

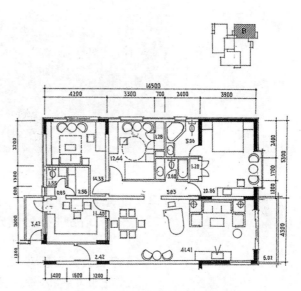

图7-8 紫竹雅苑塔式 B 户型

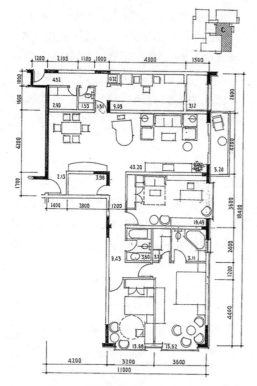

图7-9 紫竹雅苑塔式 C 户型

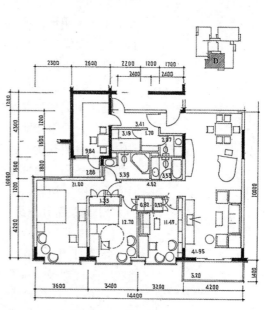

图7-10 紫竹雅苑塔式 D 户型

图 7-11　建成实景图
（来源：百度图片）

7.2　北京西三旗北陶厂土地开发研究（2012 年）
——商品性办公建筑 [①]

1）项目背景及基地环境

北京城市发展和产业调整，促使位于西三旗地段的北陶工厂厂区土地变性用于开发，就此项目的容量、面向市场的方向、建设成本与收益等及可行性进行前期研究。

北陶厂区共计 7.41 公顷，被城市道路分隔成东区（1.92 公顷）和西区（5.49 公顷）。东区中有商场一座，面积 16900m²，三层框架结构。北陶厂区南侧为使用中的工厂，对北陶用地存在不雅的厂房屋面和不太严重的噪声两点不利因素影响。北陶厂区其他邻地均已改性成为办公、商业和住宅用地，西方向 700m 处已成为中关村新发展区域，周边兴起了十余座大厦，约十层左右高。北侧有一块三角形绿地，长约 500m，宽约 110~360m，成为诸多大厦围合的中心绿地。

2）拟建设目标

基于中关村高新区的空间范围，开发业主定位 IT 产业研发、经营及企业办公，面向外地 IT 产业聚集中关村的需求。开发商希望充分利用土地价值，希望有优美的社区环境和一部分独栋式办公条件，在追求容积率和环境品质二者间犹豫不定，始终未能拿出量化的目标值。这也是他们委托研究的初衷。

3）建筑策划思维

（1）关于市场

外地 IT 产业聚集北京的情况是多样的，需求的物业面积多类型、多档次、多种规模。从两百平方米至一两万平方米都有涵盖，而且在此区

---

① 前期建筑策划：曹亮功、曹雨佳。

段内又很分散。除去研发、经营、办公外，尚有居住、生活配套服务的需求，希望一个安定、成熟的环境，不能仅是临时寄生状况的工作场所。确定采纳多类型、多档次策略，扩大市场受众面，吸引更多企业。

（2）关于土地利用

研究确定采用土地差异强度开发策略，"高的高上去，低的低下来"，以密求疏，总体上适当较高的强度。

基于对市场多类型、多档次、多样市场需求而提出的差异强度策略。通过研究，在总用地 1/4 的东区实施近一半的建筑量，容积率达 6.36；在总用地 3/4 的西区实施一半稍多的建筑量，容积率为 1.91。总容积率为 3.07。这 3.07 的容积率是对周边城市环境分析的结果，多数用地容积率较高，个别达到 5.0，它们用地小，沿城市道路起高楼，借助城市公共绿地空间。

采纳适度较高而非更高，是为了在此片区创造最具品位的区域地标亮点的影响力。

（3）关于空间策略

针对 IT 产业特性，科学性和创造性，IT 产业科技人的性格爱好多在二者之间交替。据此，本项目提出了"科学严谨的工作空间＋活泼烂漫的户外空间"的策略，在自由起伏的双层流动的地景式公共空间基座上建起 11 座研发工作楼，它们依循柱网的秩序但适当灵活的组合，11 座楼的户外空间关系同样表达着活泼与烂漫。

东区高容积率区采用三栋 18 层方形研发办公楼，并改造既有三层商场，屋面做成屋顶花园为高层所共享，并能共享西区的园林景观。

西区绿地率 38.81%，东区绿地率 12.72%，总绿地率 32.96%。

（4）关于建筑策略

·高低错落的组合与模数体系的结合。模数体系建立了韵律感，使错落组合不会紊乱；

·公共空间与个体建筑的有机融合。个体均衡坐落在公共基底上，垂直交通使各楼获得均好的服务；

·既有建筑与新建筑的有机结合。16900m² 既有商场融入新肌体中，不是拼接，而是融合；

·公共内街与地景景观的结合。起伏变化的建筑顶面即是形态丰富的园林，地景的开口即是内街建筑的庭院和街面，从顶盖穿过若干庭园而下的水系是下一层空间的元素：变化的空间、流动的水系。

（5）关于既有商场改造与扩建

东区既有三层商业保留框架体，拆除装修卸载，改用轻装修，暴露结构，卸载后预留荷载改造屋面。

向北向西扩建，与原商场接口处留中庭空间，设置垂直交通；新建部分地上 4 层，地下 2 层。新建四层向原有三层屋面开门，利用原商场屋面做户外空间，提升 4 层商业空间价值。

新商场外围除进风窗外，少开窗、多设广告墙面，依靠两处中庭采光通风，尽显现代商业氛围。

（6）南侧工厂的景观和降噪的设想

针对南侧工厂屋面形态不雅和不太严重的噪声问题，研究确定：

·西南侧钢筋混凝土屋面采用覆土种植屋面，40cm覆土，自动喷洒系统，建成屋顶绿化；

·东北向的轻屋面，加设隔热层形成通风夹层；

·该厂的噪声是以空气传声为主的，主要是通过厂房门窗传出的。据此，方案提出加设门斗，窗户视必要性设隔声罩或改为固定窗。

4）主要经济技术指标（表7-1）

项目图如下（图7-12~图7-18）。

主要经济技术指标　　　　　　　　　　　表7-1

		东区用地	西区用地	总用地	说明
建设用地面积（hm²）		1.92	5.49	7.41	
建筑面积（m²）		153405.65	165768.18	319173.83	
其中	地上建筑面积（m²）	122264.95	104908.36	227173.31	
	其中　办公面积（m²）	81591.02	78521.76	160112.78	
	其中　商业面积（m²）	40673.93	26386.60	67060.53	
	地下建筑面积（m²）	31140.70	60859.82	92000.52	
	其中　商业及配套面积（m²）	8216.95	27790.28	36007.23	含既有商业16900m²
容积率		6.36	1.91	3.07	
建筑密度（%）		55.43	35.21	40.45	
绿地率（%）		12.72	38.81	32.96	
建筑高度（m）		14.70-99.20	9.20-33.20	9.20-99.20	
停车位（辆）		655	1058	1713	

图7-12　北陶厂项目土地开发全区鸟瞰图

图 7-13 北陶厂项目土地
开发沿街商业效果图

图 7-14 北陶厂项目土地
开发沿街效果图

图 7-15 北陶厂项目土地
开发景观公共空间效果图

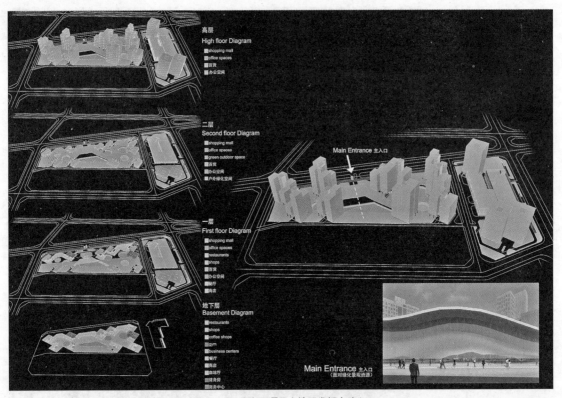

图 7-16　北陶厂项目土地开发概念建立

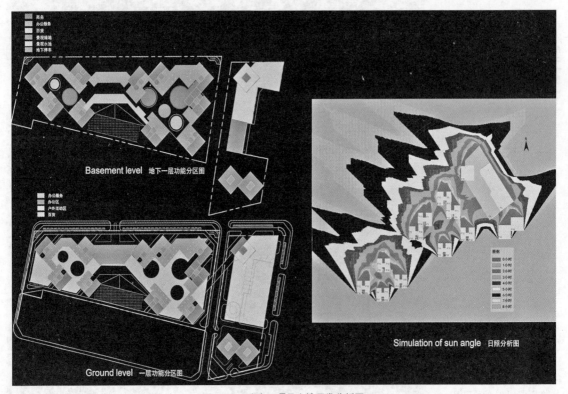

图 7-17　北陶厂项目土地开发分析图

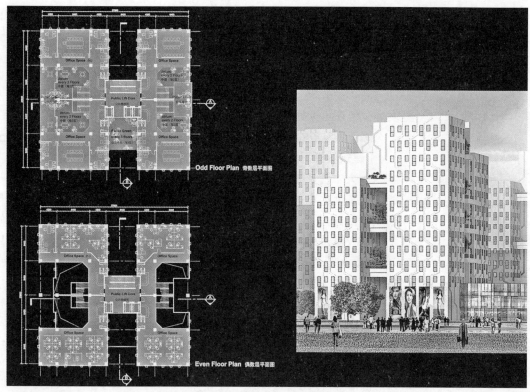

图 7-18 北陶厂项目灵活的办公空间

7.3 慕士塔格大本营与卡拉库里大酒店建筑策划（2006 年）——经营性旅游酒店 [①]

1）项目背景

位于帕米尔高原的慕士塔格山（海拔 7509m）及山下的卡拉库里湖相映而构成令世界登山爱好者向往的地方，每年夏季吸引了全世界众多朝圣者前来膜拜和旅游，探索神奇的冰山之父，聆听这里的美丽传说。

旅游开发企业依据市场需求计划筹建 4400m 海拔处的登山大本营和3600m 海拔处的湖旁大酒店。

2）建设目标

两个项目组合为登山旅游者服务。先在大酒店培训、准备和学习有关知识，再上大本营适应和准备，最终完成登山。也要兼顾接待其他旅游者。

大酒店按三星级旅游酒店标准建设，但应适应随季节变化的客流量的增减；大本营要集中解决餐饮、自助烹饪、洗浴、医疗、行李存放、商店等登山人的生活保障，大本营需要一个大空间，容纳 200 人聚会、用餐、看电视、交流的场所。

---

① 前期建筑策划：曹亮功、李东梅等。

3）基地条件

大本营基地在 4400m 海拔的台地上，积雪终年不化，气温夜间很低，资源匮乏，空气稀薄，无正常道路可以通达。八度地震设防区。

大酒店基地在 3600m 海拔的中巴公路旁，地段平坦，视野开阔，戈壁地寸草不生，但景观十分壮观而美丽，远离城市，属于荒郊野岭的未开发地，但在不远处的湖边草地上有蒙古包式的旅游者简易接待设施。

公路旁供电条件是存在的，此外，两处除阳光和水之外，其他资源均无。

4）建筑策划思维

（1）大本营建筑要解决运输可行、结构可靠、施工简便的问题。唯一能上到基地的车是布篷的四轮驱动吉普车，因而建筑材料、构件的尺寸长度不能超过 4.2m，宽不超过 1.6m，重量轻，耐旱颠震；基地仅做拼装，不宜做过多体力劳动，拼接采用螺栓，因缺氧不能焊接；不宜用玻璃，上山时会震碎；除阳光和水之外，能源、物资保障应有可靠的方案；严格地防止对自然的污染。

（2）大酒店应能满足随季节的客流量变化，同时实现酒店的方便管理和经营成本的控制。

（3）在气温日差大、夜间寒冷的条件下，建筑应具有适宜的形式和措施。

（4）资源匮乏的难题是建筑策划的重点；每一项解决方案应有备选手段，以保证可靠。

5）大本营建筑策划要点

·方形平面、外围和中心大厅布局，体型系数好，保温节能，抗震性能佳；

·中央大厅采用膜结构，所有构建长度在 4.2m 以内，但获得了大跨度空间，膜顶席卷后运输，不怕震颠；

·复合型外墙板组合外墙，方便施工安装；

·太阳能及柴油发电、卫星通信、雪水利用、太阳能热源、风力发电补充等能源及资源方案；

·污水处理后的废水、固体垃圾、废弃物采用密封箱运至城市处理站；

·中央大厅 400m²，容 200 人活动，夜间可容纳 20 个帐篷，其他帐篷仍在室外避风处安营（图 7-19~ 图 7-23）。

6）大酒店建筑策划要点

·适应于旅游淡旺季游客变化的酒店布局，一座主楼和七座院落组合的建筑群，旅游季开始起开启主楼，随后逐步增加院落开放至高峰时全部开放，随后逐步关闭至旅游季结束时全面休停。人员及一切供应也随游客变化而波动，适时适宜不至浪费；

·吸取在这种气候条件下产生的蒙古包气候适应原理，创造了旅居小院。四面有进风口，顶部有排风口；中间空间共享，四周为卧室；中庭空间可进阳光，但防雪；

·在大自然美景旁的酒店，以其平实、整洁、韵律和融入自然环境的姿态落于大地上，映衬大自然的美（图 7-24~ 图 7-42）。

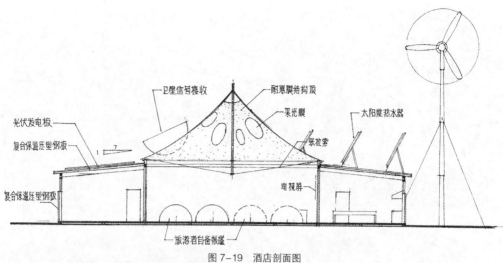

图 7-19 酒店剖面图

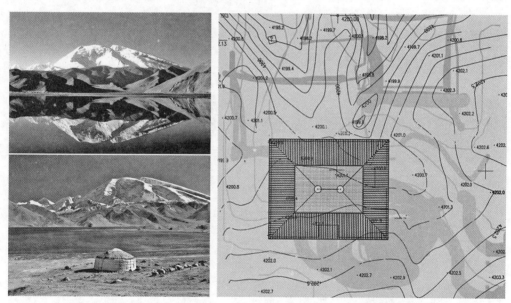

图 7-20 慕士塔格峰

图 7-21 酒店用地周边地形图

图 7-22 酒店透视图

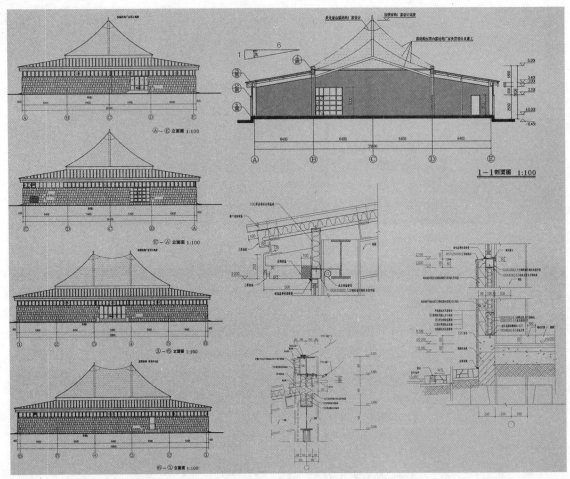

图 7-23　酒店立面图、剖面图及节点详图

图 7-24　卡拉库里湖

图 7-25　毡房

图 7-26　现状图

图 7-27 卡拉库里湖大酒店鸟瞰图

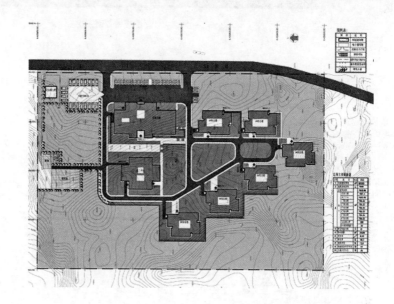

图 7-28 卡拉库里湖大酒店总平面图

本工程立面造型主要考虑和环境相结合，尽可能不影响风景区的环境。

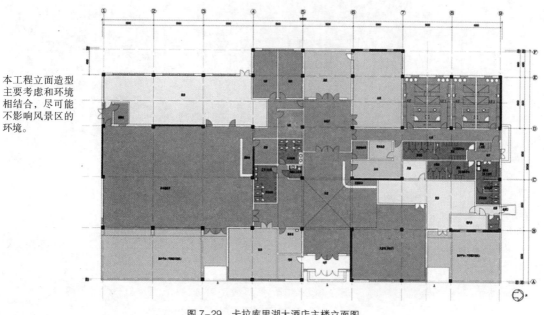

图 7-29 卡拉库里湖大酒店主楼立面图

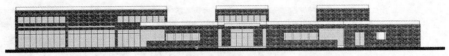

图 7-30 主楼轴立面图 1

设计考虑采用建设场地附近的毛石片作为外墙装饰材料，使建筑与周围环境浑然一体，屋面高起的天窗丰富了建筑天际线，使建筑群体效果更有层次。

图 7-31 主楼轴立面图 2

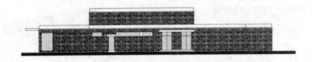

图 7-32 主楼轴立面图 3

宾馆主楼建筑高度 4.10m，室内外高差 0.30m。除多功能餐厅、大堂层高为 5.30m 外，其他房间层高均为 3.30m。

图 7-33 1-1 剖面图

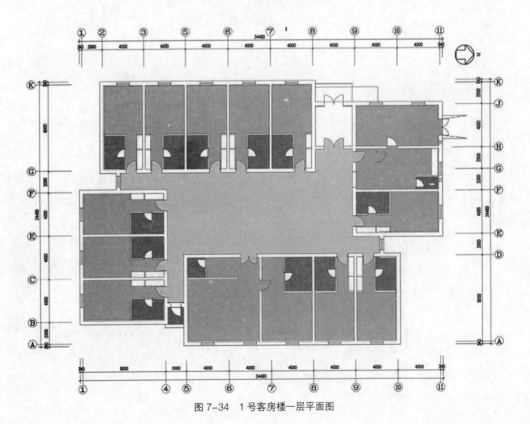

图 7-34 1号客房楼一层平面图

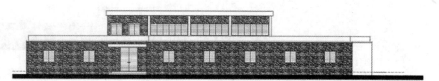

图 7-35 1,2 号楼 ⑪~ ① 轴立面图

图 7-36 1,2 号楼 Ⓚⓐ ~ Ⓐⓐ 轴立面图

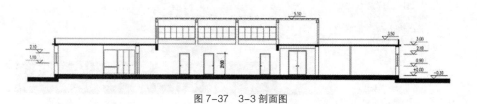

图 7-37 3-3 剖面图

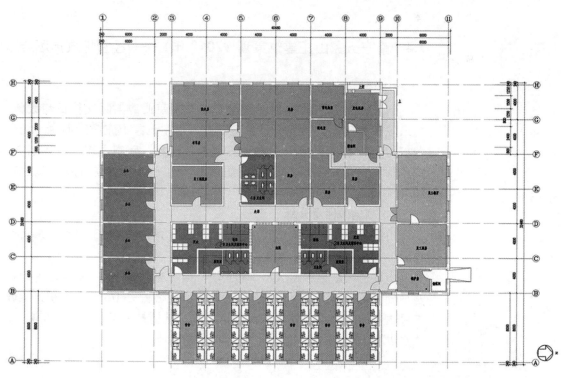

图 7-38 员工中心平面图

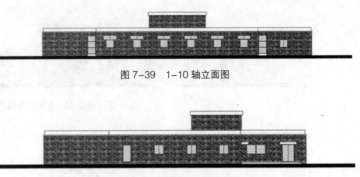

图 7-39　1-10 轴立面图

在员工中心设有内院，不仅可以用为厨房，设备房的室外操作场地，还可为周围房间提供自然采光和通风，以缓解电力供应的紧张。

图 7-40　A-E 轴立面图

图 7-41　10-1 轴立面图

后勤用房围绕着内院布置。分设有员工宿舍入口，布草物流入口和厨房物流入口。

图 7-42　E-A 轴立面图

7.4　南宁五象山庄建筑策划（2012 年）——经营性城市酒店[①]

1）项目背景及建设目标

东盟博览会永久会址促使南宁面向东南亚的国际交往日趋频繁，为适应各类国际政务商务接待的需要，南宁五象山庄应运而生。社会各界对五象山庄寄予很高的期望：中国形象、南宁风貌、时代精神、绿色标杆，希望实现政府少补贴，探索出一条国宾馆适应环境的新路来。

2）基地条件及分析

山庄用地位于五象新区中心绿地的西北角，占地 16.6hm²，东临五象湖，其他三面临城市干道。

山庄基地是一片起伏无律的土地，排水冲沟由西向东贯穿基地，将基地分为 2：8 的北南两部分，冲沟两侧陡坡占去 1/4 基地面积，陡坡坡度达 40%，最高与最低点高差达 25m，基地最高点在西南角高岗上，比水边高 39m，多数地段是 15%~20% 的坡地。

---

① 前期建筑策划：曹亮功、曹雨佳等。

城市干道的噪声、坡地的水土保持、冲沟的处理、洼地的利用、起伏无律地势上的交通组织都是设计的难题，也正是建筑策划的对象。

3）建筑策划要点

（1）策划引导，贴近市场

针对国宾馆在非政务接待期间成为财政补贴负担的现状，提出了政务接待与酒店运营并置的方案，以酒店日常运营为基本，充分考虑政务接待的安全保卫、财务规格、外交礼仪、宾客习俗、视线避让、独立封闭管理等特别要求，采用分散式空间布局、酒店式管理、建筑空间的多功能转换等方法，规划设计了一个酒店、国宾馆兼容的国宾山庄。

（2）依坡就势，发掘资源

在复杂多变的地势上确定一条顺畅、可达、适坡的"6"字形车行道路，利用五象湖的五象塔作为山庄对景，利用岗地密林阻隔噪音，利用洼地安置高大空间，利用地势变化增加楼距感，利用叠水处理水土流失，较好地解决了楼距、视线、噪声等诸多问题，创造了方便、安全、优美的山庄园景。

（3）地域风貌，创新设计

吸纳广西各民族的民居经验，提炼了干阑式适坡避水防湿的方法、重檐坡顶的隔热方法、将门窗置于建筑阴影的方法、内外空间连通等策略，结合地势创造了错层空间、架空空间、屋顶花园、下沉天井、大挑檐、大露台，创造了丰富的建筑形态，被当地百姓称为"南宁的名片"。

（4）雨洪应对，海绵策略

依据低影响开发理念，采用地表缓慢径流的雨水排水系统，让雨水多走路、多存留，缓缓曲折地排向五象湖；冲沟设计成多层叠水和水生植物，强化沉淀和生物方式双重净化以减少水土流失；在高岗地设置旱溪蓄水系统，丰雨时助以蓄水，旱时泄水以润土地；坡地设土桩护坡、植被护坡，采用比一般土地更密的植被和更丰富的植物种类，以利固土。

4）主要经济技术指标（见表7-2）

主要经济技术指标　　　　　　　　　　　　　　　表7-2

建设用地	16.6hm²	总建筑面积	53000m²
客房总数	213 套	容积率	0.32
绿地率	58%	配套设施	会议厅、会见厅、18 间；餐饮、酒吧 15 间；室内泳池、健身房 3 处；多功能运动馆 1 处。
绿地水系面积	96300m²		

项目图如下（图7-43~图7-56）。

图 7-43　五象山庄鸟瞰图

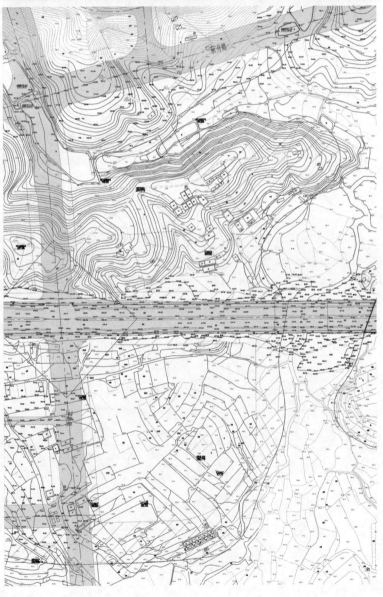

图 7-44　五象山庄现状图

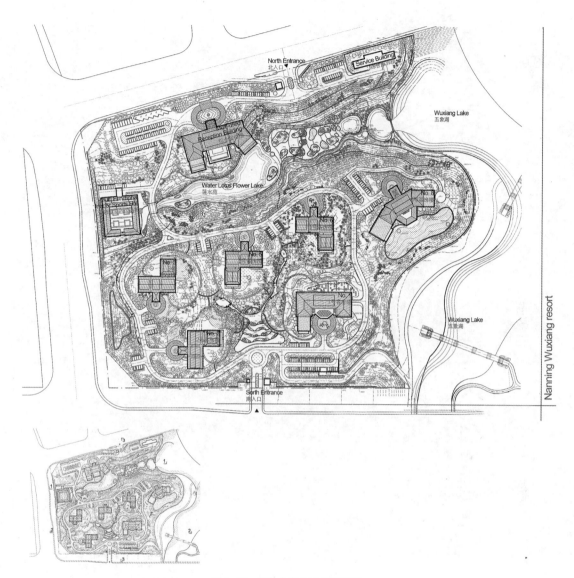

图 7-45 五象山庄北区总平面图

图 7-46 五象山庄剖面图

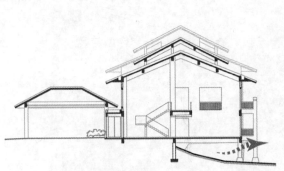

图 7-47　五象山庄架空层分析图

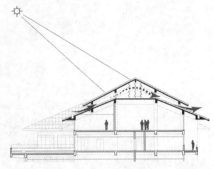

图 7-48　五象山庄重檐屋顶分析图

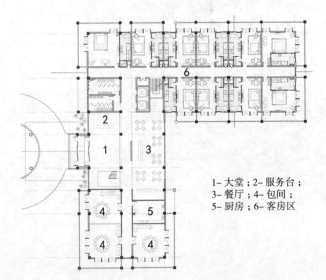

1- 大堂；2- 服务台；
3- 餐厅；4- 包间；
5- 厨房；6- 客房区

图 7-49　五象山庄 2 号楼平面图

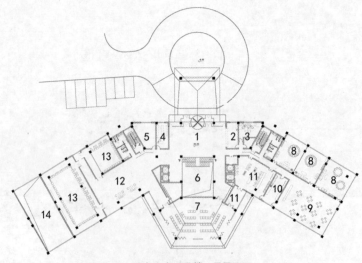

图 7-50　五象山庄 8 号楼一层平面图

1- 大堂；2- 服务台；3- 办公；4- 行李房；5- 服务间；6- 大堂吧上空；7- 多功能厅；
8- 宴会厅；9- 中餐厅；10- 备餐；11- 厨房；12- 会见厅前厅；13- 会见厅；14- 泳池上空

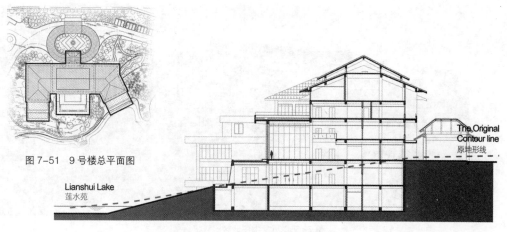

图7-51 9号楼总平面图

图7-52 9号楼剖面分析图

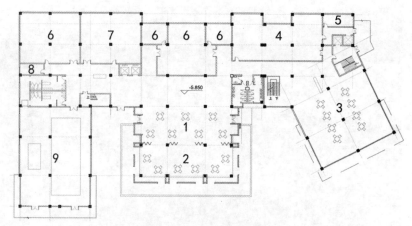

图7-53 9号楼地下一层平面图

1-咖啡厅；2-户外水景平台；3-中餐厅；4-厨房；5-食品库；6-库房；7-乒乓球；8-设备机房；9-泳池

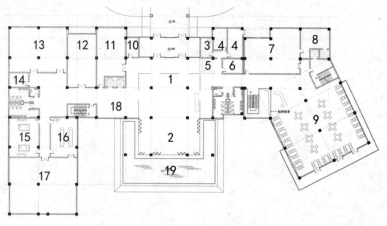

图7-54 9号楼一层平面图

1-大堂；2-大堂吧；3-消防控制中心；4-前厅部；5-服务台；6-贵重物品存放；7-厨房；8-食品房；9-全日餐厅；
10-保安室；11-商店；12-银行；13-库房；14-设备机房；15-台球厅；16-沙狐球室；17-健身房；18-休息厅；19-水池

图 7-55　五象山庄北区一级接待楼效果图

图 7-56　建成实景图

图 7-56　建成实景图（续）

图 7-56　建成实景图（续）

图 7-56 建成实景图（续）

图 7-56　建成实景图（续）

图 7-56 建成实景图（续）

7.5 北京西西工程 4 号地（西单大悦城）建筑策划（2001 年）——租赁性商业空间 [①]

1）项目背景与建设目标

北京西单北大街西侧商业街改造工程定位西城区重点工程，其中的 4 号地是收尾工程，但确实西西的核心项目。

要求 4 号地完善整个商业区的功能和业态构成，在反映北京城市发

———————

① 前期建筑策划：陈芷伟、曹雨佳。

展面貌方面发挥作用。使现代文化与传统文化有机融合,经济效益与社会效益高度统一,成为西单的标志。

2)基地现状与要素分析

基地位于西单北大街西侧,北临西皮裤胡同,南临5号地。用地东西长151m,南北宽110m,面积16703m²,限高45m,容积率9.46-10.26。

寸土寸金之地,高效利用土地是重点;充分利用东、北两侧临街的条件;

基于对中央商业区的认识,本工程的功能应是全方位的;

未来的地铁、轻轨城市交通计划,在项目策划中应充分预留考虑。

3)建筑策划要点

· 基于业主和城市规划的目标,确定本项目立意为:西单的一员、西单的焦点、西单的标志。高度、体量与周边相协调,而空间具有特质;

· 创造一个具有特质的空间:通透的、活跃的、高大体量的、有视觉冲击力的内空间。直达六层的自动扶梯穿越四季广场高耸宏大的内空间,将商业人流带至顶层,使原本人流冷清的五、六层商业空间变得活跃异常;

· 多元业态实现了业主的建设功能目标,办公、酒店、商业、餐饮、娱乐、剧院等业态丰富、布局合理;

· 剧场的灯笼造型、东侧临街的三根六层光柱、东南角玻璃体显现了建筑的丰富与独特,展现时代感的同时不失传统韵味;

· 充分利用高大中庭使室内空气流动起来,利用中庭顶部自动启闭的百叶调节空气;利用中庭侧面增强自然光,利用高度和宽阔的适宜比例缓解和避免上下温差过大的问题。

4)建筑面积分配表(见表7-3)

建筑面积分配表 表7-3

使用功能		面积(m²)	备注	
办公	A座	21689		合计64094m²
	B座	42405		
餐饮娱乐	电影院4座	620	共500座	合计20269m²
	游戏中心	4696		
	剧场	4044	800座	
	食阁	6090		
	餐饮	4819		
商业		30225	固定商业空间	
		34094	可作餐饮空间	
酒店(4-5星级)		26635	300-350间	
设备及停车		34685	≥800泊位	
总建筑面积		210002	其中地下面积64000m²	

5）后语

西西工程 4 号地于 2007 年建成投入使用，取名"大悦城"。

"大悦城"延续了本策划的立意和理念，尤其是十字交通加 45°步道、四季大中庭、直通六层的"天梯"及各功能分区、业态分布，仅灯笼式剧场未能实现，立面有所变化。西单大悦城的成功使业主迈上新征程，如今"大悦城"已遍布全国（图 7-57~ 图 7-68）。

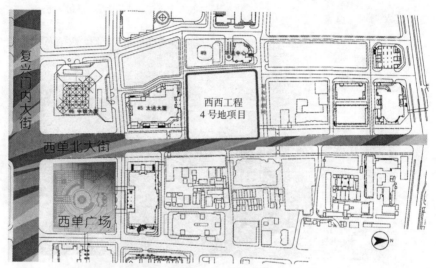

图 7-57　西西工程 4 号地项目区位图（一）

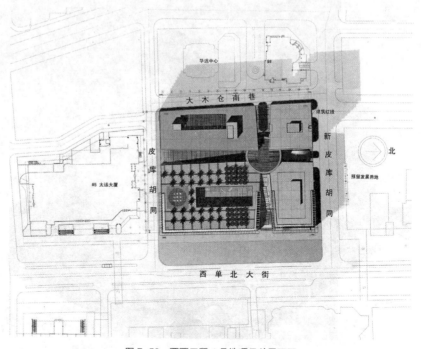

图 7-58　西西工程 4 号地项目总平面图

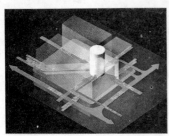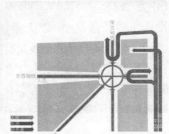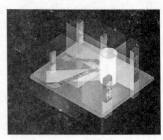

图 7-59　西西工程 4 号地项目道路交通分析

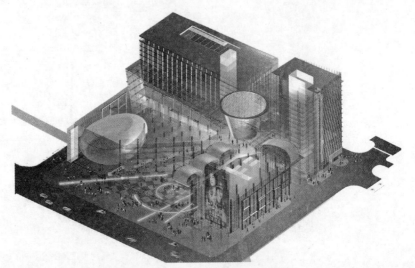

图 7-60　西西工程 4 号地项目鸟瞰效果图

图 7-61　西西工程 4 号地项目透视效果图

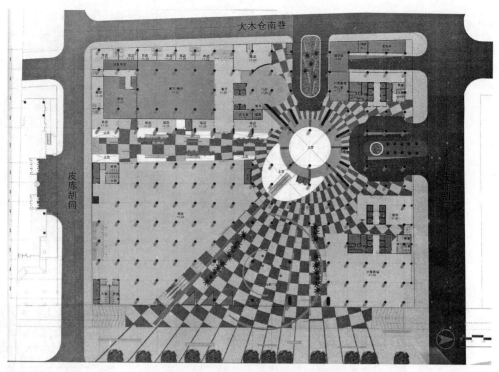

图 7-62 西西工程 4 号地项目一层平面图

图 7-63 西西工程 4 号地项目夹层平面图

图 7-64　西西工程 4 号地项目 A-A 剖面图

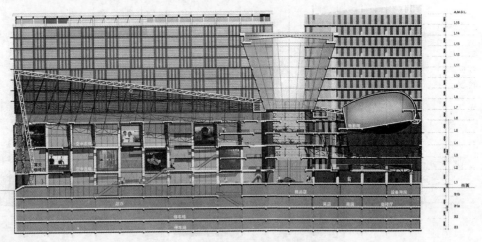

图 7-65　西西工程 4 号地项目 B-B 剖面图

图 7-66　西西工程 4 号地项目东立面图

图7-67 西西工程4号地项目南立面图

图自汇图网

图自百度图片

图7-68 建成实景图

7.6 大理海东区"博士领海"项目文创商业街建筑策划（2018年）——租赁性街式文创空间 [①]

1）项目背景与建设目标

适应城市化进程及大理旅游业发展等多重需求，在洱海东侧山陵地段新建的海东区应运而生。根据海东区总体规划要求，位于海东区中心地段的B06-02地块应当建设成以文化创意产业带动的综合社区。通过招商引进相关投资商驻入开发。依据规划要求，文创空间应占到总建筑面积的20%以上。

---

① 前期建筑策划：曹雨佳、Weerawat Uthansai、郭骏骁等。

海东区是建立在洱海东岸山坡地上的城市区，山坡自然地势起伏变化无常，但正是这一地貌彰显了洱海的自然美，西岸的苍山和蓝色洱海构成海东的绝美对景，依坡就势建设海东成为最重要的原则。

开发业主的建设目标是创造有文化韵味的社区中心，吸引全国各地的创意艺术家入驻，构成以艺术家工作坊为核心的商业街市，构成生产、生活、生态同步发展的优质社区。

2）基地现状与资源发掘

B06-02 地块 15 公顷，全境处在 40°～50° 的起伏无律的状态，经过对地势的分析和资源的发掘，认识到此地块有两岭三台两谷的骨架，地势的起伏和陡坡构成本地块有更多观景的条件，这就是资源。

3）建筑策划要点

·依据地势骨架，提出了"一带两谷三岭"的规划结构，为生产、生活、生态三生共融创造了基础；

·选定位于用地中部的坡坝作为社区文创商业服务带，可以方便地服务全社区，在山坡地社区条件下，让居民最短的步行到达服务中心；

·充分利用地势条件，让服务中心具有上下两条道路到达中心区，获得方便的交通和疏散的安全；

·利用适坡建筑在陡坡地上创造开阔的户外空间，享受清新空气和大自然美景；

·依坡就势创造适宜文创功能需求的空间，让开发商获得优质物业。

4）经济技术指标（表 7-4）

大理海东区 DLHD-B06-02 地块（方案一）经济技术指标　　表 7-4

序号	项目名称		数据	单位	栋数	层数
1	用地面积		150040	m²		
2	总建筑面积		159343	m²		
3	建筑面积	其中				
		别墅	118105	m²	476	3、4、5层
		峰会会址	17863	m²	1	客房6层；裙房3层
		精品酒店（客房）	4235	m²	2	5、6层
		创意走廊	19140	m²		3层
4	建筑占地面积		43961	m²		
5	容积率		1.06			
6	机动车停车数		1387	辆		

5）后续

已获海东区管委会批准，开发商已做出投资决策，各方均一致同意采纳本策划理念，进入设计与实施（图 7-69～图 7-77）。

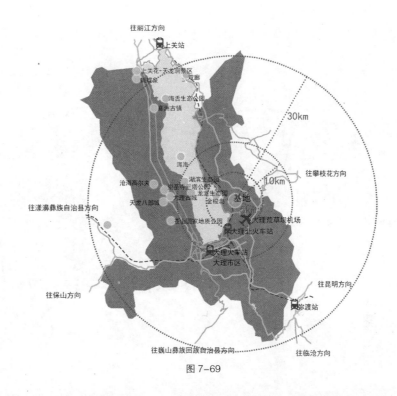

图 7-69

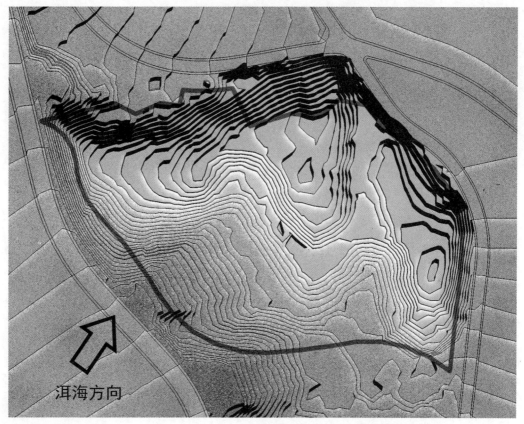

图 7-70

创意峰会永久会所

文创基金服务中心

虚拟艺术创意部落

高端游学研习基地

景观绿带

创意峰会会址与创
熟艺术产品交流区

拍摄发展区

民族艺术创新示范区

山头视线高点

景观绿谷

创意街区廊带

洱海景观面

图 7-71

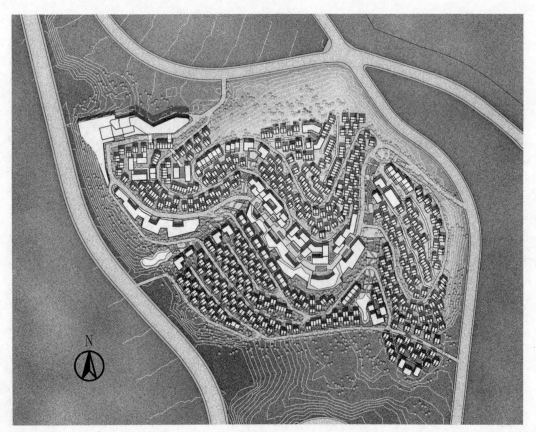

N

图 7-72

图 7-73

图 7-74

图 7-75

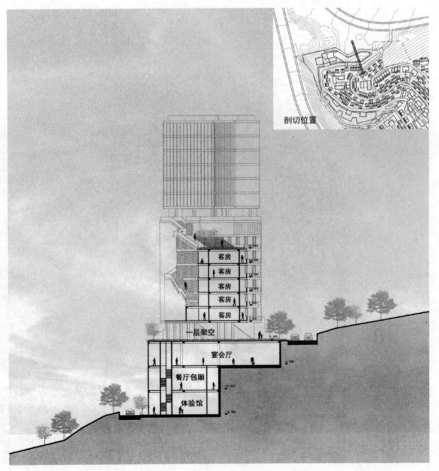

图 7-76

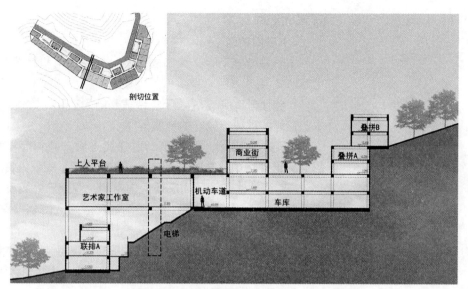

图 7-77

7.7 海南文昌演艺会议中心建筑策划（2011 年）——捐赠类公益性建筑 [①]

1）项目背景

某国有企业投资文昌开发，得知文昌市无电影院、无会议设施，又知文昌市民喜爱琼剧却只能露天搭台演出，有意为文昌做点事。得知市政府筹资建设演艺会议中心一事后，表示了捐助意愿。捐资企业想在其中获得不少于 2500m² 的营销空间，但希望不能耗费太大，否则难以获得上级批准。

2）建设目标

①满足会议、电影、群众性演艺的功能要求，达到可用于召开文昌市两会的规格；

②反映出群众性、公共性、适用性、标志性；

③体现文昌地域性，适应文昌气候特征；

④有效控制成本，避免奢华和浪费，但不能简陋；

⑤体现绿色、低碳的时代精神。

3）功能策划

·经多方研究确定 900 座会议厅、260 座中会厅各一间，40 人小会议室 30 间，满足市级各类会议需要；

·舞台按 24m×10m 设计，普通台口无乐池，舞台上空高 21m，设16 道吊杆，满足一般演出灯杆景杆要求；

·增设企业办公空间是策划工作后期捐赠企业提出的，得到政府

---

① 前期建筑策划：曹亮功、王慧娟。

的认同。

4）空间策划

由于基地紧凑，又为节省投资、方便使用和追求形态简洁，确定采用矩形体块。

· 全池座 900 座观众厅，带来开阔的空间、方便的疏散、较低的成本、良好的视线、较好的音质条件；

· 开敞式前厅、休息厅、楼梯及走廊，获得了遮阴又通透、凉爽的空间，使途中休息时享受自然、减少能耗、降低投资；

· 双围护体获得了高品质的内空间，观众厅外墙及门斗均为双层墙、双层门，加上观众厅上顶的夹层活动厅空间，使 900 座观众厅在雷电天气时内部也能具有优质的音质环境；

· 顶层办公空间的位置对建筑的隔热、隔声、形体的完整性具有积极作用。使功能各异、形态多样的大小空间组合在一个矩形体之中，并各得其所。

5）结构体系策划

· 确定单一钢筋混凝土框架体系解决大跨空间、高耸空间、跨层空间等形态的组合，而建筑体的四周是双排柱网的框架体包裹着这些特殊的空间，从而使得问题趋于简单；

· 统一的 8m×8m 柱网使构件模数化、空间秩序化；

· 观众厅采用井字楼盖，台口两侧采用双柱支座，使结构体更合理。

6）建筑表皮策划

· 双层建筑表皮的分工，外层遮阳，内层防雨隔热，双层合作构成有层次的外观；

· 色彩的组合，栗色和白色的组合带来色彩对比、阴影等效果，也形成双层表皮间气流加热后的上升，而白色的内表皮又减少了热空气的传入；

· 双表皮的下部策划了绿植花池，让绿植攀墙而上，是一种简洁、富有韵律和生机的效果。

7）室内品质策划

演艺会议中心的品质表现在观众厅的视线、音质、舞台灯光及观众厅座椅舒适度、安全度和视觉感等方面，还表现在舞台灯光、吊杆、幕景的适用方便等方面。在本项目建设和实施过程中，建筑策划人坚持挑选广电设计单位做室内设计及施工，由专业声学机构监理室内工程，挑选专业剧场家具生产商的产品椅和专业的声响设备，在投资额控制前提下坚持"钱用在刀刃上"的方法，获得了良好的效果。

开敞前厅的天花是前厅最重要的展示面，选用文昌 132 个姓氏组成百家姓天花藻井，成为有文昌情结的特色空间。

8）建筑技术指标

建筑总面积 9542m²，观众厅席位 860 席，建筑基地面积 3102m²，建筑总高度 23.47m，舞台空间高 32m，吊杆 16 道，舞台口 12m 宽 8m 高（图 7-78~ 图 7-86）。

图 7-78　演艺会议中心效果图

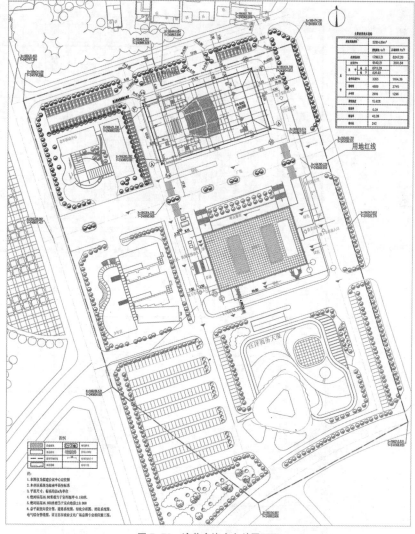

图 7-79　演艺会议中心总平面图

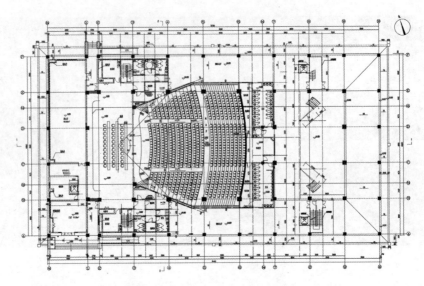

图 7-80　演艺会议中心
一层平面图

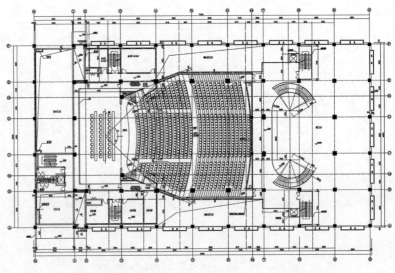

图 7-81　演艺会议中心夹
层平面图

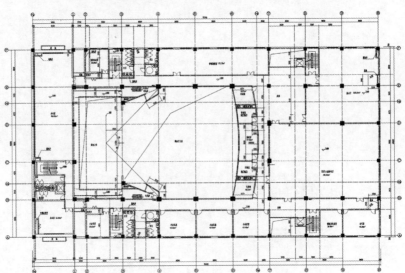

图 7-82　演艺会议中心
二层平面图

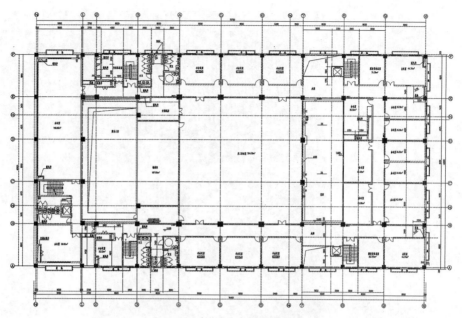

图 7-83　演艺会议中心三层平面图

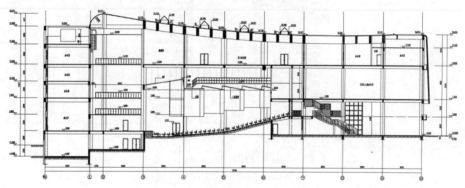

图 7-84　演艺会议中心 1-1 剖面图

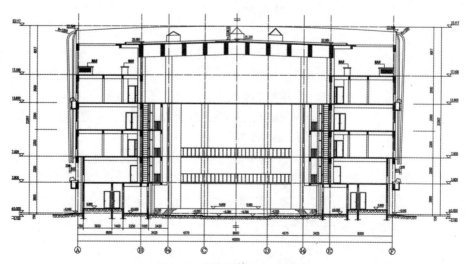

图 7-85　演艺会议中心 2-2 剖面图

图 7-86 演艺会议中心建
成后效果

7.8 湖南娄底市工人文化宫建筑策划（2013 年）
——自筹类公益性建筑 [①]

1）建设背景

全国总工会 2005 年发文加速中小城市工人文化宫建设，而娄底市
这一湖南省西部工业城市至今还没有一座像样的工人俱乐部。市政府支
持市总工会的工作，划拨了一块土地，但建设资金仍在筹措之中，为了
有一个筹建的目标方向，娄底市总工会与北京淡士伦建筑师事务所的建
筑师一同组成考察组，开展调查研究，并进行了建筑策划。

2）基地分析

建设基地位于城市中心地区南部孙水河北岸，面积 41.41 亩
（27606m²），其中 27 亩（18000m²）为划拨，其余为商业用地，需缴土
地出让金。基地呈梯形，东西长 419m，南北宽 152.3m，南北两侧城市
道路高差约 11m 之多，这 11m 都是被垃圾填埋起来的坡。基地杂乱无章，

---

① 前期建筑策划：曹亮功。

东侧有铁路遗痕。

经实地踏勘及周边调研，得到下述认识：

（1）场地位置优越、交通方便、景观优美，是工人文化宫适宜位置；

（2）孙水河及铁路遗痕应作为景观资源加以利用；

（3）北侧商业用地、南侧划拨用地性质应予以重视，有策略地安排才能顺利获批，同时又使其保持完整性；

（4）南北11m高差的大坑应当被视为半地下空间资源，可以减少突出地面的体量。

3）建筑策划要点

·将不规则用地边界整合为有序的空间组合。创造了劳动者广场、五一广场为中轴的主轴空间，五一广场是有顶的广场，面积达35000m²，可容纳万人，是城市的标志空间，突出了公共性、开敞性、文化性；

·北入口建筑为巨门式建筑，是服务中心。五一广场两侧分别为体育中心、文化中心和教育中心，这是与总工会文件要求相一致的功能内容；

·充分利用半地下和地下空间，从而使地上空间开阔，体量减小。进入各中心往下行方能进入功能空间，而使地面建筑显得统一、均衡和舒展。建筑密度控制在25%以下；

·整个文化宫统一在同一柱网、统一模数的规则中，使空间规整、富有秩序，有利于建造、有利于降低成本，也为文化宫外形的简洁统一打下了基础。

4）主要技术指标（表7-5，表7-6）

各功能空间面积表 表7-5

	项目名称	数值	说明		项目名称	数值	说明
1	建设用地面积	27606m²		5	建筑总面积	73228.58m²	地上22216.48m²，地下51012.10m²
2	建筑基底面积	6101.86m²	建筑密度22.10%	6	计容建筑面积	53822.78m²	地下车库、人防、设备间未计
3	绿地率	26.6%		7	容积率	1.95	
4	建筑高度	22.10m					

娄底工人文化宫功能空间面积表 表7-6

	空间名称	位置	面积m²	空间高度m	说明
服务中心	管理、接待	1F东侧	206.89	4.50	
	培训中心门厅	1F西侧	260.40	4.50	
	培训中心餐厅	2~4F西侧	781.20	4.50	
	培训办公	2~4F东侧	781.20	4.50	
	客房	5~8F	5749.04	3.60	
	会议	8F中部	1713.00	4.20	
	展览厅	-1F	926.10	3.60	
	合计		10417.83		

建筑策划原理与实务

续表

	空间名称	位置	面积 m²	空间高度 m	说明
体育健身中心	门厅、健身、舞蹈	1F	1514.88	4.50	舞蹈厅高度 9.00m
	办公、社团活动	2F	1099.08	4.50	
	乒乓馆 10 台桌	3F	1391.40	4.50	
	台球馆 8 台桌	4F	963.00	4.50	
	篮球（兼排球）馆 1 片	-2F	1005.48	11.00	顶部自然采光、机械送风
	羽球馆 9 片场地	-2F	1481.78	10.20	
	游泳馆	-2F	3183.26	10.20	标准池 + 儿童池、顶部自然采光、机械送风
	公共服务	-1F、-2F	1728.72	5.10	
	合计		12367.60		
教育中心	多功能厅（300 座）		1534.68	8.60	后部 140 座固定座位，前区加舞台 280m² 为平地
	会议厅（大、中、小各 1 间）		987.84	4.50	
	教室 9 间	3F	1043.28	4.50	
	图书馆	4F	1043.28	4.50	
	合计		4609.08		
文化活动中心	露天舞台	1F	1164.71	18.00	
	舞台后台	1F	693.28	4.50	
	书画展廊、社团活动	2F	1043.28	4.50	7 个社团
	棋室、棋艺厅	3F	1043.28	4.50	
	影视厅（8 个厅）	-1F	1234.80	5.10	设下沉庭院可自然采光
	歌舞厅、KTV	-2F	3059.28	6.00	
	合计		8238.63		
办公	行政办公	文化中心 4F	1043.28	4.50	
	职工服务中心	文化中心 1F	350.00	4.50	休息厅部分可与露天舞台后台共用
其他	体育文化用品商店	-1F~-2F	9681.40	5.10	设下沉庭院可部分自然采光
	文化长廊	-1F~-2F	7006.20	5.10	沿河一字排开，景色甚佳，自然通风采光
	儿童乐园	小公园内	158.76	3.60	
	合计		53822.78		

5）关于降低建设成本的策略

·确定一个适宜而经济的柱网

满足各种球类运动空间，适于教室、客房、停车等需要，选择 8.4×8.4m 统一柱网，适宜、可行、经济。

·确定一个整体的地下空间体

依据 11m 高度，确定 10.2m 高地下空间体，满足篮球、羽毛球、游泳之需；二分为 2×5.1m 时满足歌舞、KTV、影视、商业之需；三分为 3×3.4m 时，满足停车等辅助空间之需。统一顶、底板，容纳 2/3 建筑空间，无外立面投入。

·确定经济合理的地上建筑高度

地上建筑占总量 30%，控高 22.10m，一切按多层设计，有效降低成本。

·采用开敞的千人剧场

满足千人观演、3000 人看电影、万人聚会、无固定座位、无空调，但舞台设施完备，造价较低。

·简洁朴实的建筑，崇尚自然的景观（图 7-87~ 图 7-97）。

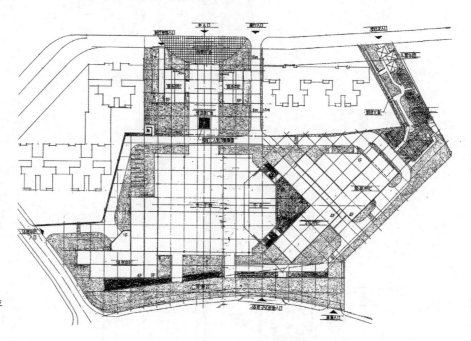

图 7-87　工人文化宫总平面图

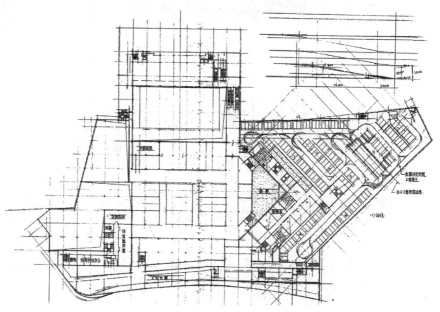

图 7-88　工人文化宫地下一层平面图

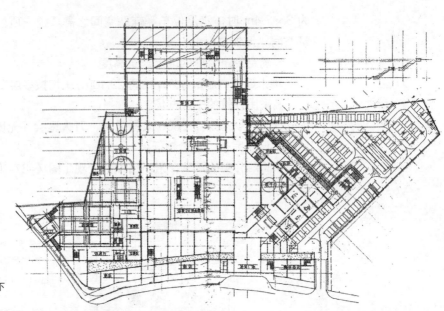

图 7-89　工人文化宫地下
二层平面图

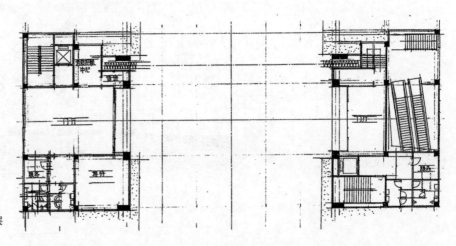

图 7-90　工人文化宫一层
平面图

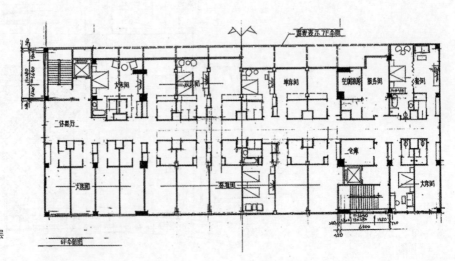

图 7-91　工人文化宫五层
和七层平面图

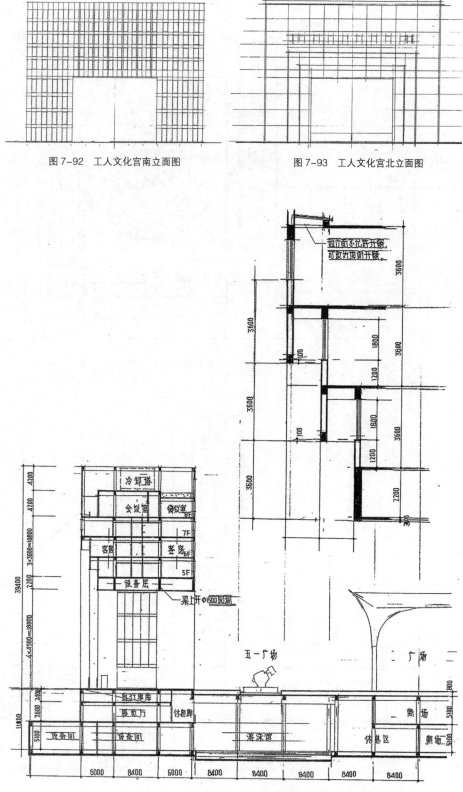

图 7-92 工人文化宫南立面图　　　　　图 7-93 工人文化宫北立面图

图 7-94 工人文化宫剖面图

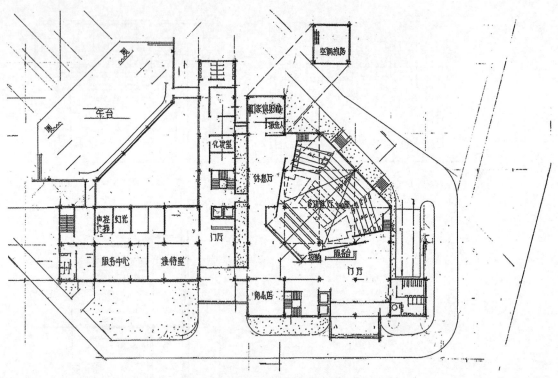

图 7-95　工人文化宫一层平面图

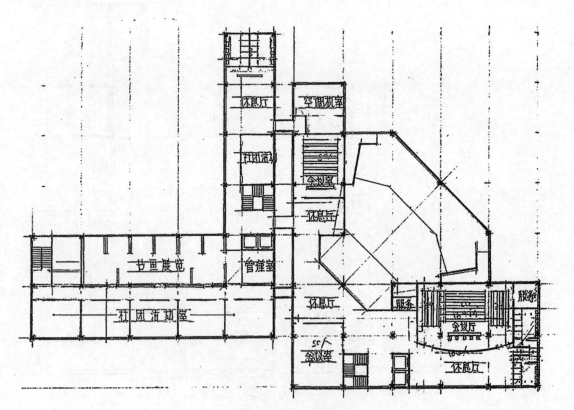

图 7-96　工人文化宫二层平面图

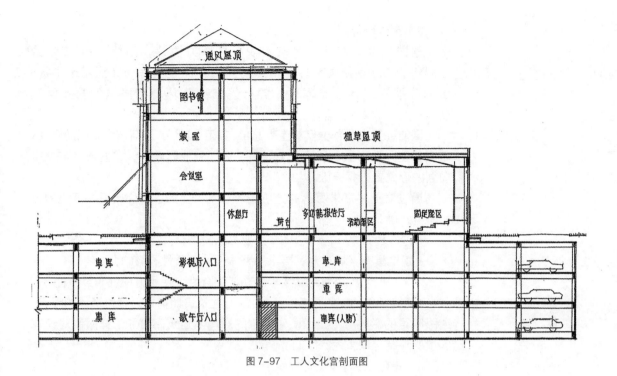

图 7-97 工人文化宫剖面图

7.9 国能生物发电集团研发中心建筑策划（2010 年）——自持自用建筑[①]

1）背景及建设目标

国能生物发电集团是一家民营资本的能源企业，以生物质发电为主要业务。因没有永久性办公研发场所，决定寻求北京八达岭高速与清华东路交叉口东北角地块投资建设研发中心。

业主要求充分利用基地空间，综合解决企业办公、研发及员工住宅，同时利用临街条件设计商业空间，总建筑面积需要 38000~40000m²，其中办公研发 12000m²、住宅 8000m²、商业 9000m²，其他为车库及设备用房。

2）场地条件及分析

基地呈矩形，西侧临八达岭高速，南侧紧贴美凯龙家居馆，北及东临农机院住宅区，均有日照影响的限制。规划确定为二类居住用地，限高 45m；城市对本建筑有形象方面的较高要求；城市道路噪声对本项目有较大影响；基地空间不大，在功能较复杂的条件下，交通组织的合理性及相关的日照影响、噪声防治、功能布局、立面形象交织在一起时是一种挑战。

---

① 前期建筑策划：曹亮功、曹雨佳。

3）定位研究

据国能公司与土地拥有方农机院双方协议，国能公司 67% 的空间作为办公、研发和住宅；土地方 33% 的空间作为商业用于租赁。国能公司建议商业空间用作银行等与办公环境相协调的物业类型项目。

国能公司办公部分实为企业总部，员工 140 人，属高技术新能源企业，希望营造企业形象、展示企业特色、显现企业影响力，这些愿望与城市规划的形象要求相一致。

通过对业主需求目标的分析及对业主企业的调研和市场、环境的分析研究，确认：

- 这座建筑是一座综合体与企业总部的结合。
- 建筑具有：城市对其要求的整体性、品质性和影响力；
  企业对其要求的功能综合性、使用方便性和经济性。
- 环境条件的制约是多方面的：既有建筑日照需求对建筑形体的限定。道路噪声的影响；严重西晒对建筑的影响；建筑高度和形体限制对建筑容量的限制是最重大的限制。

4）策略研究路径

经过场地环境研究、三种功能组合方案比较、三种形体方案的容量比较分析，最终与业主共同决策采用了矩形综合遮阳大退台形体方案（表 7-7）。

3 种方案比较表　　　　　　　　表 7-7

	A 上下分区	B 南北分区	C 东西分区
优点	· 员工宿舍位于上部干扰较小 · 宿舍日照较得到保障 · 办公人流大，位于下部，干扰小	· 住宅日照易得到满足	· 办公西向，西立面较完整 · 住宅东向，避开西晒和道路噪声 · 住宅融入农机院住宅区
缺点	· 住宅进深有限，不能充分利用 37m 总进深，总面积不充足 · 半数住宅受道路噪声影响，且遭受西晒 · 西向主立面难做得完整 · 住宅管线下穿通过办公层	· 半数住宅西晒，受道路噪声影响 · 由于办公、住宅层高不同，西向主立面较难处理 · 住宅位于西南向，对建筑形象影响较大	· 住宅日照受限 · 南、北立面出现办公，住宅层高不一致，需处理

5）后记

正当建筑策划工作结束之时，企业业主在另一项产业投资中的挫折造成失败，无能力为实现此项目而推迟执行计划。最后业主不得不放弃此项计划，至今这块土地仍处在空旷状态（图 7-98~图 7-107）。

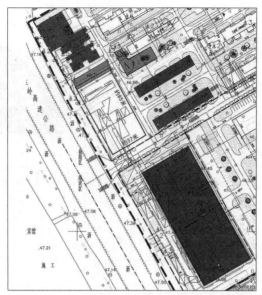

在北京市规划委员会 2010 年 03 月 30 日批复的建设项目规划条件中：
1. 本地块为二类居住用地
2. 本地块在 AB 地块内。
AB 地块总占地 67554m²，总容积率为 2.5，控高 45m，退西侧道路红线不小于 10m，南侧需腾退城市规划路，南和东退道路红线不小于 5m，退北侧用地红线不小于 10m。
退红线后，地块呈约 85m×37m 的长方形，本项目用地约 3145m²。

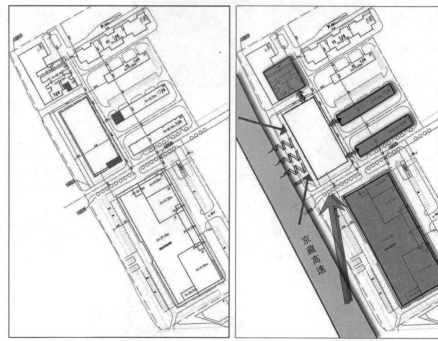

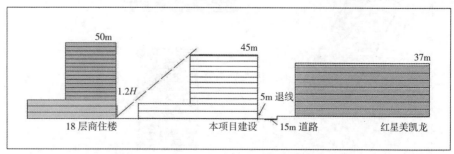

注：虚线以上虽在用地范围内，由于 1.2H 的日照退线要求，为不可建设范围。

图 7-98　研发中心体块尺寸及与周边建筑关系

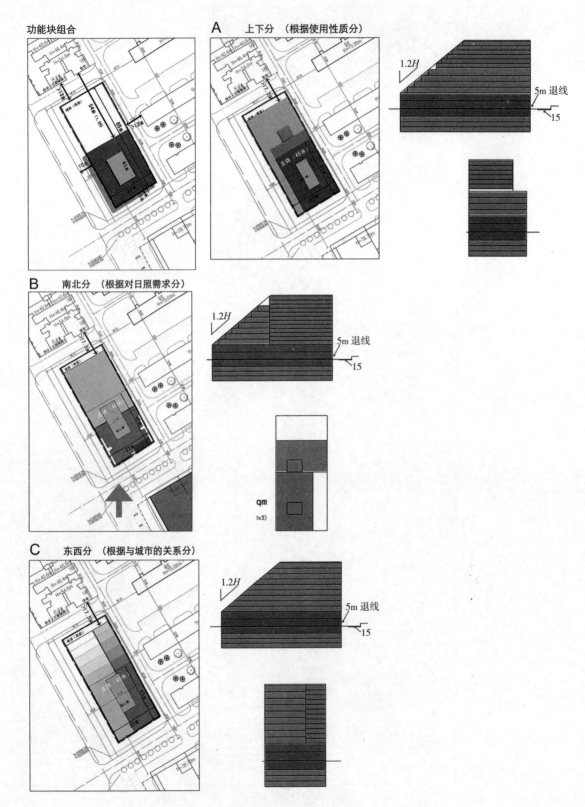

图 7-99 研发中心三种方案比较

确定组合方式：

综合考虑企业总部形象、土地资源利用、功能区划分、交通、建筑面积、日照、防噪音等因素，加权打分。

组合方式	图例	建筑形象标志性	建筑面积	功能分区	交通组织	结构体系	日照	噪音	总分
上下分	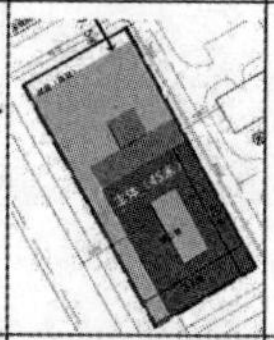			动静分区	2+1 两个核心筒	无错层，有设备转换层	40%不满足		14
南北分	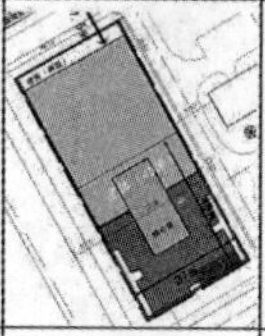			日照分区	1+1 两个核心筒	错层	20%不满足		13
东西分	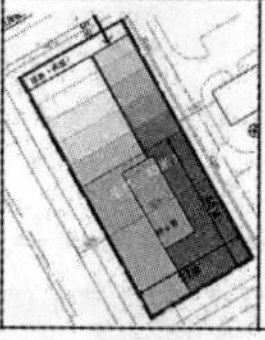			形象、噪音分区	2+2 两个核心筒	错层	75%不满足		18

图 7-100 研发中心方案加权比较

据此，采用"东西分"的方式。

这种方式在：营造企业总部形象、优化居住环境、争取最大面积等方面均有突出优势。

但职工宿舍的日照受限，多数房间冬至日达不到 2 小时满窗日照。

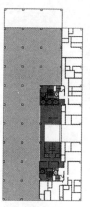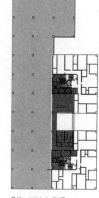

图 7-101 研发中心职工宿舍（左）

图 7-102 研发中心办公（右）

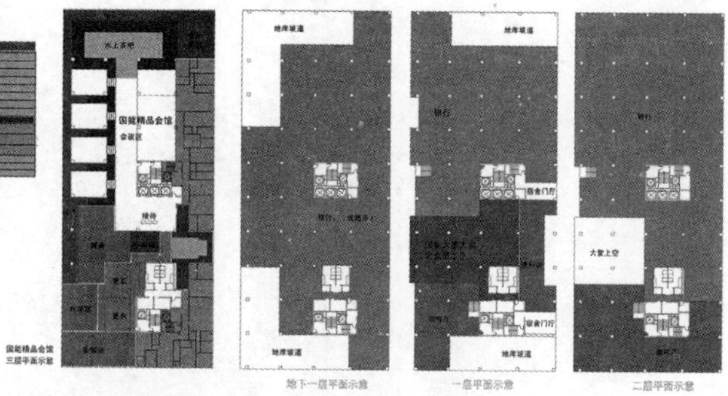

三室两厅：150m² X 16 = 2400
两室两厅：87m² X 44 = 3828
一室一厅：44m² X 20 = 880
总计：7108m²(不含阳台) 80套
本层公摊 19%
住宅部分层高 2.95 m。

三室两厅：150m² X 20 = 3000
两室两厅：87m² X 36 = 3132
一室一厅：44m² X 22 = 968
总计：7100m²(不含阳台) 78套
本层公摊 20%

总计 14170m² 共9层　　总计 13510m² 共9层

办公部分层高 3.95m。

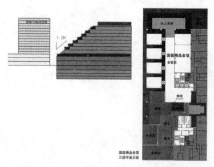

图 7-103 研发中心立体绿化与户外空间（左）

图 7-104 研发中心银行/商业（右）

以塑造企业标志性为宗旨，兼顾争取最大建设容量。
由于对北侧住宅日照退距，形成三个立面方案，分别为大退台的方形、小退台的椭圆形、斜线的三角形。

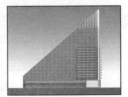

图 7-105 研发中心建筑形象

方案一：外置可调节遮阳板。　　　方案二：内置可调节百叶帘。　　　方案三：外置固定竖向遮阳板。
金属板可随太阳高度调节角度。　　塑料、织物或木质遮阳帘，随照明需求调节高度。　　与结构一体，不可调节。

在这三种外立面材料中，方案一造价最高，方案三最低，方案二居中，为双层玻璃幕墙的升级版。

	方案一	方案二	方案三
形象	标志性较强，特殊材质	特殊造型，标志性强	高度取胜
建筑面积	38100m²	40500m²	36350m²/45700m²
建造成本估值	2.8亿	3.0亿	2.6/3.5亿
单方造价	7349元	7407元	7152/7658元
规划控高	未超出	局部超出6.5m，可为架空	局部超出或高度达69m（最高点88m）
报批	易	较易	难

图 7-106 研发中心方案比较

图 7-107 研发中心最终效果

7.10　三亚市供电公司自用办公楼建筑策划（2002 年）——自持自用建筑 [①]

1）项目背景及建设目标

2002 年中，三亚市供电公司获得河东区月川路旁一块基地，拟建设自用办公楼。基地面积 13334.87m²，要求建设 8000~10000m² 自用办公楼。建筑功能空间组成如表 7-8：

建筑功能空间组成面积表　　　　　　　　　　表 7-8

生产车间	1600m²	报告厅	200 座	办公室	若干
调度室	150m²	图书馆	300m²	计算机中心	
营业厅	150m²	招待所	10 个标准间	其他空间	

另有机动车位 100 个，希望建成一个适于工作、形象好、建造成本低、便于管理的新颖建筑。

2）基地条件分析和思维

①项目用地方整，但与南北轴呈 43° 角，易造成西晒。在三亚气候条件下，避免西北、西南向是一个重要问题；

②项目规模不大，但内容包罗万象，功能复杂，若按常规方法组织功能，有可能将建筑形体和空间分割得比较零碎；

③三亚市河东区月川路地段地势低洼，周边是河滩地区，缺土，方案宜考虑自身土方平衡，不宜借方；

④三亚地处热带，海风盛，可利用，有可能创造出适宜气候、利于节能的建筑，应予以重视。

3）总平面策略

在若干可能性方案比较后，确定采用椭圆形整体和总平面创意方案，它具有以下特征和优势：

·具有完整的外形，使繁杂的功能组合为一个整体，避免了外观的杂乱，并使外观紧凑，从而获得外空间的开阔；

·采用 45° 斜向柱网，获得了南北朝向又不会造成与城市道路的矛盾；

·采用水池围合建筑的创意，获得了水庭内院，将岭南水庭适应气候的民间创造运用于现代办公建筑中，又可取土垫高基底，适应了低洼地势；

·以树阵绿林围合，使树林、水、建筑以简洁单纯的形态展现它的现代感、自然观；

·以双入口环路和林下停车的最简单方式解决交通需求，不设地下室，简单而有效，也最为经济。

---

① 前期建筑策划：曹亮功。

4）平面设计创意

· 以 8.1m×8.1m 基本模数柱网体系使异形形体与理性结构体系结合起来，成为容易实现又经济的常规框架结构；

· 45° 斜向柱网创造了利于自然通风、又有良好日照条件的工作环境；

· 多庭院、小进深的建筑布局获得了有阴影、有水庭的院落空间，为获得凉爽、应对炎热辐射创造了条件；

· 在规则柱网条件下，采用跨层空间的方法获得了与功能需求相适应的空间条件，创造了丰富、活泼、灵动的空间效果。

5）剖面设计意图与被动式节能策略

· 椭圆形外形和缓坡式绿植屋面具有泄压、台风、抵御太阳热辐射的优势；

· 在 3.6m 层高条件下，室内进深 14m 左右，单面采光进深 7m，有良好的自然光和自然风条件；

· 南北双向设遮阳装置，在三亚太阳高度角条件下有良好的遮阳效果，有利于减少热辐射；

· 底层架空开敞式的廊道和停车空间与水庭相结合，创造了引风入庭的条件，强化了利用海风的效果；

· 空调机房置于顶层开敞架空空间，减少了辐射热对办公空间的影响，有利于节能（图 7-108~ 图 7~111）。

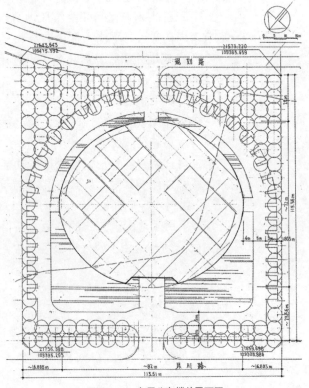

图 7-108　自用公办楼总平面图

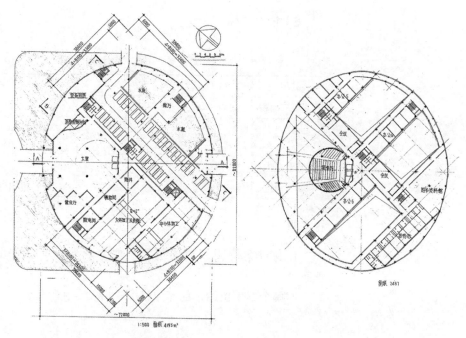

图7-109 自用公办楼底层平面图   图7-110 自用公办楼四层平面图

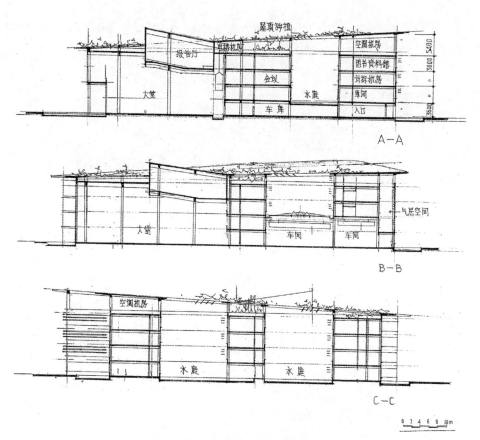

图7-111 自用公办楼剖面图

6）技术指标

技术指标表　　　　　　　　表7-9

规划用地	1334.87m²			备注
建筑基底面积	4239.00m²	建筑密度	31.79%	
水面绿地面积	6037.00m²	绿地率	45.30%	（水面面积2642.00m²，绿地面积3395.00m²）
总建筑面积	11093.00m²	容积率	0.83	
机动车泊位	109个			其中室内33个

思考题

1. 通过案例阅读对建筑策划概念及原理有哪些更深入的认识和理解？

2. 哪个案例留给你的印象最深，启发点在哪里？

第8章

一级土地开发的前期策划

8.1　一级土地开发前期策划产生的背景

我国市场经济从 20 世纪 90 年代初起步发育，经过六七年的迅猛发展到九十年代后期已经形成市场经济环境，并不断向更高层次、更健全的体系方向发展。

在城乡建设和基本建设领域，建设项目投资主体多元化的格局在 90 年代中期已初步形成，国有资本投资体系也开始引入市场经济运行模式，运用市场规律开展建设项目的管理和决策。在建设项目一级土地开发中，除了坚持"项目建议书 – 可行性研究"为核心的投资决策体系外，也开始引进建筑策划方法探索一级土地开发适应二级开发项目市场需求的研究。1997 年在重庆北部新城溅澜溪片区（5 平方公里）一级土地开发中，除可行性研究编制之外，应国企业主要求，进行了起伏地形适应性利用、适应市场需求的地块划分及适宜道路密度的研究，并在此基础上进行了土地整治成本与一级开发成本计算，进行了二级开发土地转让市场价格与一级开发成本的经济分析和财务分析，取得了第一份一级土地开发前期策划的经验。

到 21 世纪之初，我国一级土地开发普遍由以往的政府直接主导转变为政府主导下一级土地开发企业投资的局面，除大部分一级土地开发企业属国有资本组建外，也涌现出有实力有信誉的民间资本、股份制社会资本组建的一级土地开发企业。在一级土地开发中普遍采用可行性研究为核心的投资决策方法适应各级审批环节的同时，也采纳概念性规划或前期策划研究进行企业内部决策，尤其是在市场方向、市场适应性、可操作性及土地转让价格目标、一级土地开发成本、土地的市场价值研究等方面有强烈的需求。

因为二级开发建设涉及的外界因素较少，有经验的开发企业虽不能量化具体的数值但还能够在宏观上把握项目的方向，敢于决策和投资；但一级土地开发涉及的外界因素很广泛、复杂，一般企业或研究机构很难作出对土地开发的市场和土地价值的判断。因而，市场运行迫使一级土地开发需要开展前期策划。

8.2　城市规划的欠缺与建筑策划思维的补充作用

城市和建筑一样，它也是应社会经济发展的需要而产生的。城市规划工作同样应当具有经济属性，而且经济属性应当是第一位的，城市规划的经济属性应比建筑设计的经济属性更加突出、更加强烈。

在现实中,我国的城市规划和城市设计在经济属性方面体现得并不理想或者说很不理想。宏观上城市规划的产业结构研究不够具体、不足以落地,微观上详细规划对实施的成本和土地价值的增值没有概念,缺少分析研究。对一级土地开发企业而言,城市规划、城市设计满足了项目的宏观方向和行政审批的需要,但在土地开发的经济效益和市场适应方面尚未达到对判断的支撑。建筑策划在建设项目投资决策中所起到的支撑作用正是对城市规划的欠缺的补充,也正因为如此,才出现了这一类一级土地开发的前期策划案例。

一级土地开发的前期策划工作不是只有城市规划师们就能完成,而是需要城市规划师、建筑师、经济师、工程师和与产业相关的行业专家们的合作才能完成。参与此项工作的城市规划师、建筑师应当具有经济意识,对土地利用的经济性、资源的充分利用及智慧的发掘有积极的态度,这样才能让规划设计成为良好的基础,使经济分析工作在此基础上取得理想的结果。所以这样的工作从一开始就是合作团队的工作,而不是规划与策划二者分离进行的。

本书选择了一级土地开发策划实践中的五个案例,分别涉及土地开发弹性和市场需求适应性、新城建设与村庄冲突、旧城改造与古城肌理保护、自然环境保护与开发建设效益的追求、环境容量与开发强度的确定等问题。几乎每个项目都涉及开发业主的经济效益和切身利益。五个案例除最后一个是唯一方案外,都是在多家方案的比较中胜出被采纳实施的。由此可见,开发投资业主们都是理性而讲究社会效益、环境效益、经济效益统一均衡的业主,也同时说明了一级土地开发前期策划的价值,说明建筑策划思维延展运用的前景。

8.3 北京中关村软件园规划(2000 年)[①]

1)项目背景

在第十个五年计划时代,国务院大力启动了中关村科技园区建设,倡导以科技创新带动整个国民经济的快速发展。北京市政府努力落实国务院的战略部署,在城市原有市郊绿环地带调整一部分空间支撑科技园区建设,但十分明确地提出了融入自然、保护自然的生态目标作为新时期园区建设的重要原则。并向全世界广泛征集规划方案,促进新时期规划工作的创新。

北京中关村软件园规划方案竞赛成为较早期实行国际方案竞赛的项目,首都规划委员会对此项目的规划条件制定了严格的技术目标要求:

基地概况:北京海淀区东北旺乡上地西路以西;

---

① 前期建筑策划:曹亮功、雷晓明、谷建、吕丹等。

用地面积 119hm²，地形平坦，基地内有沟渠、小道及苗圃，原为林业局苗圃基地。

周边条件：用地东侧是上地西路，路东是正在开发建设上地成熟区；

用地南侧是东北旺南路，路南是既有村镇，近年已纳入上地地区；

西北方向是城市信息信号基地，对本区建筑有限高限距要求，其他方位是原始林地。

城市规划对软件园规划提出了详细限定要求，主要指标限定是：

（1）建设用地 119hm²；后退道路红线要求东向 90m 宽绿带，其他方向 70m 宽绿带；

（2）总容积率 0.35；建筑东侧及东南角限高 12m，其他限高 9m；

（3）绿地率要求 ≥ 55%；要求体现保护环境、保护自然的理念。

中关村科技园对软件园规划提出要有利于吸引国际一流软件企业入园，要建设一个具有国际先进水平的有利于软件开发、适于高科技人才工作、学习、生活的科技园区。

软件园方案竞赛的开放性、高层次及其影响力吸引了来自世界各国的重视和注意，所以参加这次竞赛，必定要有创新理念和创意意识，才可能被采纳。

2）思考与研究

经过实地考察、对国际上软件园的研究及对软件编制专家的访谈，展开研究与思考，提出几个重点任务目标：

（1）探索软件编制研究所需要的空间特征，规划适宜软件研发的园区空间；

（2）研究软件企业入驻园区的动因，规划一个吸引软件企业的园区；

（3）研究建筑与自然的相融关系，创造融入自然、享受自然、保护自然、防御自然的建筑空间；

（4）创造有艺术感、有诱人氛围的园区空间。

3）规划指导思想与原则

遵循"高标准、有特色、具有超前性和可持续发展思想、有时代特征"的指导思想，建设一流科技园；

充分重视高速宽带多媒体网络和市政设施保障的可靠性；

着重解决好功能分区、交通、公共设施配置，突出园区生产、生活、管理功能协调性；

重视园区环境建设，创建一个节地、节水、节能、环保的绿色园区。

规划原则：

（1）**效率**——社区的简明结构、管理的直接有效、交通的便捷通畅、通讯的可靠快捷；

（2）**环境**——融入自然、享受自然、保护自然，创造一个保护生态的园区；

（3）**保障**——先进而可靠的保障系统；

（4）**市场**——市场适应性和弹性，满足软件研发及软件推广的全方位需求；

（5）**发展**——分期发展，每期自我完善，并有合理规模；第一期布局应有利于空间的延伸。

4）**策划与创意**

围绕上述四个目标，展开创意思维研究，经团队全体人员反复和深入地探索，逐步完善了下列创意成果，反映了策划思维在规划设计中的作用。

（1）**两种空间形态的创意**

根据软件产业的特性，软件研发者同时也是软件推广者，是软件营销的指导者，这是与其他工业制造业不同的。因而在同一园区内，存在着研发空间和营销推广空间，当软件科技工作者和工程师们在不同的工作角色时，是不同的心态、不同的情绪，也需要不同的空间形态。软件的营销推广是一种商业活动，要的是有利于交流、互动、开放的空间氛围，是一个城市的商业化空间；软件的研发是一种潜心的思考、研究的创造性工作，要的是静谧的适于思考能激发激情的自然的空间氛围，是一个园林型的自然空间。

根据基地给予的环境条件，决定将园区东侧、南侧靠近城市的地段按城市街坊格局布置成城市型空间的服务设施区；将园区纵深地段按园林格局布置成岛状的研发组团。

（2）**适于园区开发弹性的浮岛创意**

浮岛的形式提供了可大可小可拼可分的空间灵活性，在园区建设的招商阶段，依照入园企业的需求可作各种各样的调整，而不影响其他组团的建设，只需在园区总体上做到总容量、总绿地率、总建设用地的总量控制即可。

浮岛的创意推进了软件园的招商和园区建设，也出现了一种新的规划思维。

（3）**以密求疏的策略**

建立在"以密求疏"策略基础上实现了森林背景中浮岛的创意。

在浮岛建设用地内，采用了50%高的建筑密度，保证了需要的开发强度。从而同时实现了岛与岛之间的45m以上的距离，实现了森林背景的完整性。完整而连续的森林体系带给园区一个水、林、草乃至鸟、虫等共同构成的生态支撑系统。这正是软件研发所渴求得那种静谧而自然的空间氛围。

（4）**浮岛的形态创意**

在森林海洋中的浮岛，是漂浮于林海中的组团，而研发建筑又坐落在黑色浅水池中，白与灰相间的研发楼倒映在水池中，水池底铺卵石或黑色花岗岩等不同材质，夏以浅水降温，冬以旱底吸收阳光升温，是一种气候适应策略。岛屿还可能以草地、砂地、卵石等作基底，形成与森林背景共生的氛围，彰显出宁静、舒展、与天地森林融于一体的诗般意境，表现一种天人合一的平和，显现一种中国哲学的韵味。

（5）"现代尽现代，自然尽自然"的对比理念

规划方案提出的"现代尽现代，自然尽自然"的对比理念，广泛地体现在园区规划设计中，主张现今时代、现代技术、现代生活、现代材料，应当是现代建筑，而一切非人工创造之处宜尽显自然。

道路在城市型空间是城市型道路，在森林空间是无道牙乡间型道路；路灯是园林低杆灯；岛无界边，水无石岸，而是草坡、土坡或木桩岸；一切崇尚自然。

2.5hm²4万 m³ 容量的中心水面依据自净能力确定水量，自然形态、自然水岸、自净水体策划，以求达到自净、节水、蓄洪、避灾的目的（表8-1）。

用地平衡表　　　　　　　　　　表8-1

用地名称		面积（hm²）	占比（%）	
总用地		119.00	100.00	
研发用地		32.45	27.27	
公建用地		14.45	12.14	
道路用地		11.84	9.95	
公共绿地	隔离绿地	16.09	13.52	50.64
	中心绿地	13.18	11.08	
	森林绿地	30.99	26.04	

北京中关村软件园于规划当年予以实施，在招商引资中由于浮岛概念的市场适应性使招商工作进展顺利，成为中关村科技园当时效益最好的园区。其后几年进展迅速，发展很快，又在园区西侧扩展了中关村软件园二期。中关村软件园因其环境优美、设施完善、效率高，已成为北京市著名的科技园区（图8-1~ 图8-8）。

图 8-1　软件园鸟瞰图

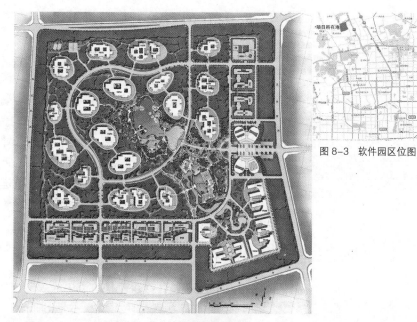

图 8-3 软件园区位图

图 8-2 软件园总平面图

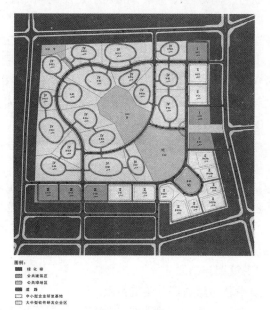

图 8-4 软件园地块划分图

图 8-6 软件园功能分区图

图 8-7 软件园道路交通规划图

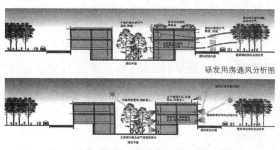

图 8-5 软件园研发用房照明及景观分析图

图 8-8 软件园绿化景观规划图

8.4 永清台湾工业新城规划（2005年）[①]

1）项目背景

河北廊坊市位于京津之间，优越的地理位置和便利的交通条件使这里成为外资入驻的热土，境外企业落地需要家园，廊坊市永清县政府应市场所需，决定在县城南郊规划占地 9.85km² 的台湾工业新城园区。

园址距县城 3km，西距北京 40km，东距天津 60km。规划有 7 条高速和国道、省道经过周边，届时永清将处在五纵四横的公路网络之中。

政府及园区开发企业确定的园区规划目标是：建设具有先进水平、环境优美、富有经济活力、适应国际合作的综合性高科技工业园区。

2）基地概况

园区用地南北以公路干道为界，东西以运河水渠为界，围合了一个梯形空间。

基地北界的廊霸公路以北是建设中的永清燃气工业园。

用地范围内有九座村庄，大村占地 60hm²，小村占地 8hm²，九座村庄散布在整片基地上；在村庄与村庄间隔的空地上是区域性的市政管线走廊，横向两条、纵向四条，纵横交错贯穿整个园区。这些市政干管有输送天然气的干线，有光纤，有高压输电电力线。市政管线的建设已经占据了农民的土地，这里已成为不再耕种的荒地，因为土地被分割成七零八落散布的小块零星地；曾经的规划没有一个方案获得各方的认可。县政府及开发企业也下决心要搬迁九座村庄，但仅是个计划。

3）难题的突破研究

起初，规划工作一直按照搬迁村庄的方案进行，难题的研究重点是避让市政管线。

随着规划工作的深入，村民们认识到这片土地的价值，从不愿意离土逐步发展到抗拒，由于涉及的人口众多，不论从经济角度还是政治稳定角度，都认为拆迁村庄是不可行的，曾经打算放弃这片土地的开发利用，但这片土地总不能永久荒废，这个难题总要突破。

4）策划与创意

（1）新城与村庄共生的策略

这是工业新城规划观念的突破。我们不仅在规划工业新城，同时在规划村庄的未来。

起初，是被动地暂时保留村庄，待将来有条件时再搬迁。随着规划工作的深入，逐步认识到新城的开发建设需要村庄农民的支持和参与，他们在园区就业，园区需要村庄的服务性配套以减少园区设施投入，所以村庄会改变，改变就应规划，否则会失控。由此而确定村庄并存并纳入规划。

村庄周边留有一定空间作为隔离和缓冲空间，以减少二者的互相干

---

① 前期建筑策划：曹亮功、陈鹏、穆穆。

扰。缓冲空间的宽度依据新城道路的顺直所需定，不能因村庄现状的形态影响了新城城市空间的合理性。

规划也宜对村庄的建设扩展、维护等作出适当的限定，引导它的走向。

（2）方格路网与异向市政管线的并存策略

对于四纵两横市政干管及其复杂支管的避让在此规划中也是难题。传统的规划是市政管线依路网布置，而现状是市政管线在先，且它们并不是横平竖直地布局，而是各自自由的斜向直线，无规矩可循。若依其定位路网，将会是一个不成体系的杂乱无章的路网，不利于土地的有效利用。

现状迫使规划走出一条与异向管线分离的路网结构。

在现状村庄的间隙空间寻求一个合理的主干道路网，这就是贯穿全境的四纵两横路网骨架，在此基础上完善路网系统，构成了方格路网体系，从而满足了工业新城的需求。

规划中的东西横向主干道有意识地避开了横向光缆干管，以保证新城园区各类市政管线的空间，因为这两横向主干道将是连接四纵从而连接整个新城的网络中枢，避开光缆干管就回避了许多风险和矛盾。

（3）绿地体系的适地布局

因村庄及市政管线现状的限制，使得公共绿地的布局失去了规律，但通过深入研究就发现适地布局本身就是规律，是这块土地上应当遵循的规律。

这项规划的绿地适地布局原则包含：保留村庄周边填补找齐的缓冲空间是隔离绿地，较大的绿地空间是城乡共享的体育公园和社区中心绿地；地下管线走向上部是带状隔离绿地或路旁绿带；斜穿地块中央的地下管线上部空间规划为绿色廊道，形成各地块局部展宽的带状中心绿地。

适地是其原则，也是其特色；建筑布置要退让管线，退让绿地，形成利于通风的绿廊（图 8-9~ 图 8-16）。

5）规划及主要技术指标

规划及主要技术指标见表 8-2 所列。

图 8-9　永清台湾工业新城
鸟瞰图

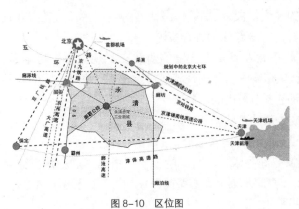

图 8-10　区位图

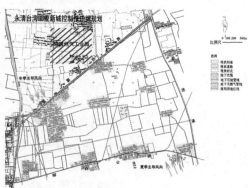

图 8-11　现状分析图

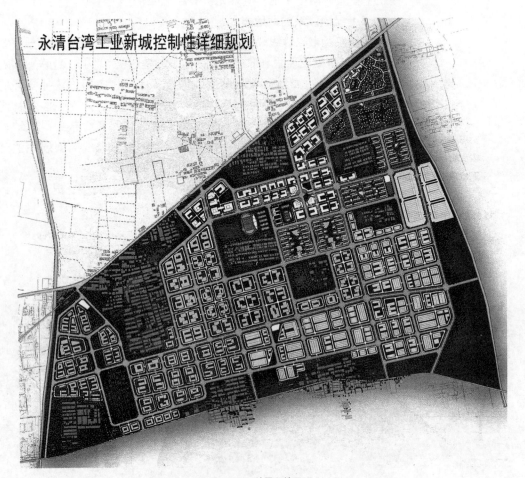

图 8-12　总平面效果图

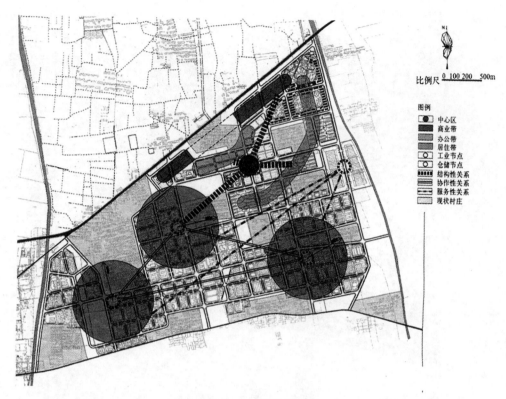

图 8-13 功能结构规划图

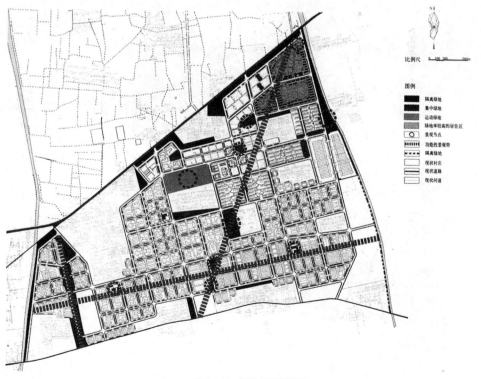

图 8-14 绿化景观规划图

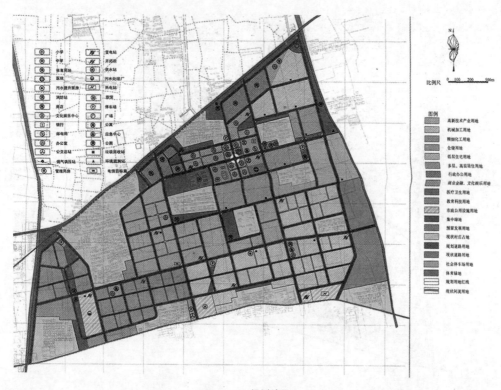

图 8-15　规划总图

图 8-16　道路交通规划图

规划及主要技术指标表　　　　　　　　　　　　　　表 8-2

	面积（hm²）	占比（%）
总用地	985.02	100
村庄用地	219.78	22.31
预留发展用地	43.99	4.47
实际用地	721.26	73.22
工业用地	295.78	30.02
物流用地	24.99	2.53
居住用地	73.59	7.47
市政用地	24.40	2.48
绿地用地	71.74	7.28
道路广场	116.56	11.48
公共设施	113.54	11.53
对外交通	0.71	0.07

8.5　北京市三眼井历史文化保护区保护修缮工程规划（2006 年）[①]

1）项目背景

北京三眼井地区是北京城市中轴线北端景山东南侧一片旧城保护区。在北京旧城保护规划中，三眼井被列为 28 个旧城保护片区之一，这个片区的特殊性在于最临近皇城，最临近中轴线，贴近景山，所以这一片保护性修缮工程规划难度很大。由于时间久远，不少四合院已成危房，破旧不堪，不得不进行重建，而修复重建是引入开发商来承担的，开发商投资修复是要讲经济收益的。所以，规划保护与经济收益二者关系处理是否得当成了关键。

为了这个敏感地段的规划，业主在北京市规划委员会指导下组织了 4 家规划机构参加竞赛。本规划是竞赛的优胜者并获得实施。

2）对三眼井地段的认识

三眼井地区是景山东街三眼井胡同南北两侧范围的胡同及四合院群，从景山俯视是一片错综排列的灰瓦屋顶的民居群，与其他民居一同构成了北京古城的城市背景，衬托着金碧辉煌的皇城故宫。

（1）三眼井地区的街巷以东西走向的三眼井胡同为骨干，向北向南延伸若干胡同，为鱼骨状布局。主要胡同东西向间距为 54~56m，半数胡同为尽端式街巷。可以看出历史上街巷是有规划的，部分尽端式胡同的产生是后来封堵的，而非原状。

（2）三眼井地区的俯视图是一个由适宜尺度、院落组合、纵横街巷构成的肌理，维护这种肌理是极为重要的。

---

① 前期建筑策划：曹亮功、刘佳。

（3）北京 28 片历史文化保护区规划中确定本片区应保护约 30% 院落及 11 棵名木古树。

（4）现状胡同宽度尺寸均较窄，除三眼井胡同稍宽些外，南北走向胡同均在 3.8~4.2m 间，拓宽它们会改变城市背景的尺度和肌理状态，不拓宽则难于满足现代城市交通和安全要求。

3）策划与创意

（1）单向交通的胡同策略

研究确定南北向胡同采用单方向交通，维持 4.2m 宽度胡同空间。其胡同内的市政管线也采用分类布置的方式，保证窄街巷空间策略的实现。

（2）坡屋顶尺寸严控的策略

在古城的空间形态上，坡屋顶是最主要的形态元素，它的坡度、色质和尺寸是最为关键的形态构成要素，规划在现状图上选择最大屋顶，分析确定新建筑最大单体坡屋顶尺寸进深为 7~9m，长度在 11m 以内，这个尺寸控制保证了古城风貌的维护。

（3）13 座院落 11 棵古树原状保护的策略

落实了 13 座被保护院落的原形，并还原其本来面目，以 13 座保护建筑为模板，新建院落在空间、体形、高度、尺度、色彩、材料等各方面向它们靠拢协调，使整个片区统一协调地组合为古城风貌的城市背景。

（4）延续三眼井片区原形中无规则但有序的形态

规划研究认为"无规则而有序"的把握很重要，既不能杂乱，也不能刻板，加上新植入的公共绿地的嵌入，故而构成有灵性的街巷空间。

（5）满足现代城市生活需要

交通组织上兼用单向车道环行系统满足机动车通达要求。在车行道路基础上设置横向步行通道以满足消防安全要求。市政管线分类分道布置达到入户条件。除 13 座保留院落外，新改建院落增设机动车停车位，外围增设停车场，达到每院 2.06 个车位的理想要求。

（6）维护古城胡同景观的策略

对应保护的 11 棵名木古树，除 4 棵在院落内其余 7 棵古树周边规划为公共绿地，以利于古树保护和居民共享。公共绿地为中心的窄长公共空间与胡同空间形态相呼应，维护了城市空间肌理。

将三眼井主胡同空间适当加宽，增加绿带，在 4 个院落组团增设公共绿地，使整个保护区彰显古城的空间秩序。

4）经济技术指标

经济技术指标见表 8–3 所列。

总建筑面积：30391m^2；容积率：0.63；建筑密度：62.09%；绿地率：9.24%。

	用地平衡表	表8-3
用地性质	面积（m²）	占比（%）
规划总用地	48038	100
道路及公共车场	9806	20.41
代征用地	2048	4.26
公建用地	568	1.18
公共绿地	4432	9.24
住宅用地　保留院落	7220	15.03
住宅用地　改建院落	22609	47.06
其他院落	1355	2.82

本方案图见下（图8-17~图8-27）。

图8-17 保护修缮工程规划鸟瞰图

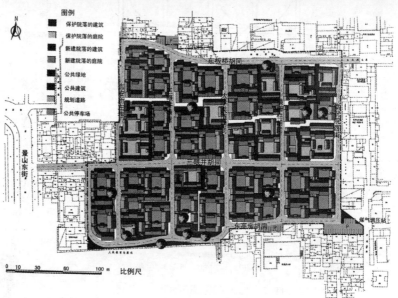

图8-18 保护修缮工程规划总平面图

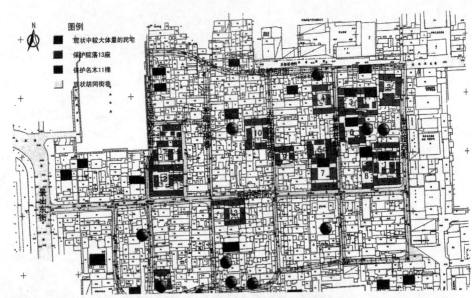

图 8-19　保护修缮工程规划现状图

图 8-20　从景山俯视规划区
域的实景照片（1）

图 8-21　胡同内景透视图

图 8-22　从景山俯视规划区
域的实景照片（2）

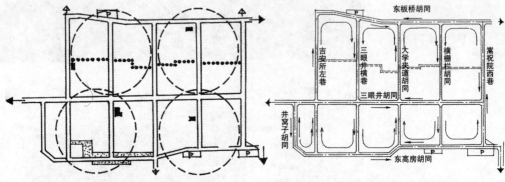

图 8-23　规划结构图

图 8-24　交通组织示意图

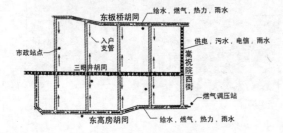

图 8-25　市政实施布置示意图

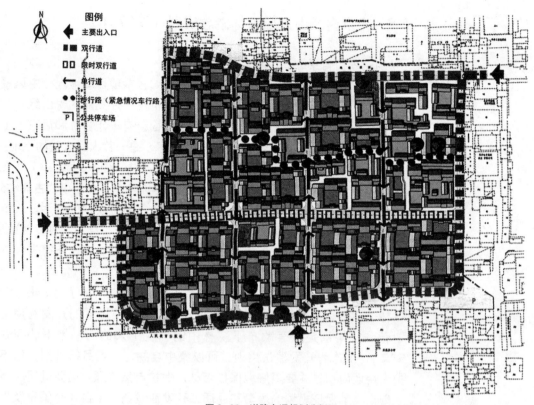

图 8-26 道路交通规划分析图

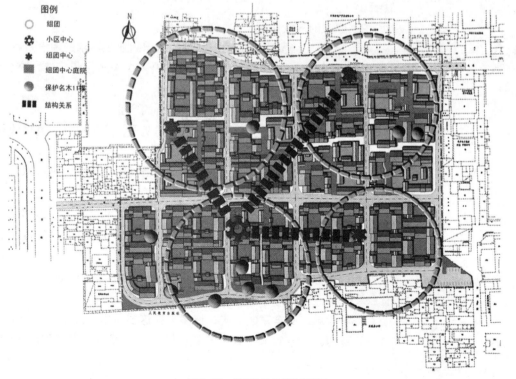

图 8-27 规划结构及绿地规划图

8.6 南京青龙山人居森林概念规划（2007 年）[①]

1）项目背景

南京青龙山风景区位于南京市区的东郊，本项目基地地处主风景区东南，虽不是青龙山风景区的主景区，但也是一片美丽的青山绿水。这里有美丽而安静的青龙湖和 300 眼天然水面，有千年古林和后来人工种植的千亩森林，树多、水多、鸟多、花果多，是一片人见人爱的土地。

新中国成立初期，这里是林场，世世代代林业工人生活、工作在这里，维护着青龙山林场。农业学大寨的日子里，除留下几处小片古树林外，森林改造成梯田，林业工人改为农民，过上了产粮农户的生活。改革开放后，在退耕还林的号召下，这里又恢复成为林场，梯田又恢复为山坡，粮农再改为林业工人，经过 3 年的努力，终于在 2006 年获得省级森林公园的称号。

当初投资支持退耕还林的大型民间股份制企业获得了这 646.41hm² 森林公园的开发建设权，当然这种开发是保护前提下的开发利用，规划管理机构确定原有散布于森林中的林业工人的宅基地（计 866 亩 57.7hm²）作为开发建设用地，可以集中合并，也可另行规划，但不能扩大用地面积，并要更好地保护森林，保护自然资源。需要进行整体的规划，为了保证规划的质量和品质，开发商邀请了来自 4 个国家及地区的 5 家规划机构进行了概念规划竞赛。本规划实例是竞赛的第一名获胜者。

2）业主的建设目标

经过反复交流及实地踏勘，理解和认识到业主追求的建设目标：

（1）保护好珍贵的自然环境，吸引更多人来居住和旅游，充分体现这一珍贵环境的价值；

（2）规划利用好这片山水，发展适合的产业；

（3）在限定的土地上建好房子，多建房子，产生良好的直接效益；

（4）让旅游者和定居者互不干扰；

（5）重视降低建设成本，方便管理，重视降低维护管理成本。

3）基地特征

（1）万亩森林，植被非常好，有丰富的林木和水系，负氧离子充足；树多、水多、鸟多、虫多、花多、果多、景多、露多、氧多，自然景色步移景异。

（2）地形起伏多变，地貌类型丰富，有山、有坡、有堤、有岛、有岗、有台、有滩、有湾、有河、有湖、有溪、有泽。

（3）用地上有丰富的历史，许多人在这里付出了心血，寄予着期望，有一处墓园，数十林业工人就长眠在这里。从城市管理者到周边的村民

---

① 前期建筑策划：曹亮功、刘佳。

都期盼这里能发展，但同时又不希望失去它的美。这里有故事、有记忆，改变太多就会失去记忆，切断文化。

（4）基地分内核用地和外围用地，建设用地只能在内核用地内布置，外围用地可作户外旅游业用地。二者面积大体相等。

（5）基地中部是青龙湖，湖面40余公顷，水面如同卧着的青龙，有张着口的龙头，五爪湖是它的尾，并有几个爪形小湖湾。青龙湖怀抱的半岛是基地中最开阔、最平坦的空间。青龙湖两岸分布着3处千年古林，在改天换地的日子里也未曾触及的原始森林。

4）思考研究的重点问题

（1）关于地势地形

业主方有一种意见要适当平整些，因为道路起伏太大弯曲太多，很不方便，甚至想将水面连起来，将过于零散的用地整合，以利开发。关于业主的这一建议应当慎重研究，宜以地势条件和利于土地利用为中心。

（2）关于青龙湖

青龙湖周边空间开阔，景色最美，地势平坦，是最适于建设的场地，但又是维护青龙湖景观资源最核心的空间，应当极慎重地对待。

（3）关于道路

目前基地内道路可单向行车，但起伏大，希望扩宽顺直。

（4）关于墓园

业主计划迁出，数十宗墓，实在影响环境，无人愿意靠近，周边土地无法利用，也影响未来人气。

（5）关于建设用地

相对集中，分散布置，还是二者结合，是一个值得深思的问题。

（6）关于产业

居住及旅游两个产业如何组织，二者不宜排斥但确有干扰，建设单位内部意见不一。他们等待着规划有充足理由的建议和意见。

5）策划与创意

（1）两套道路系统的策略

根据土地存在着外围和内核的差异，采用了外环道路和内环道路两套系统，有四处连接口，可以分别管理，其他路段互不相通。

外环道路连接外围空间认识自然的科普教育园、养生园、康体运动园、森林休闲园等旅游产业园区，以当日旅游人流为主；内环道路连接四个别墅区和青龙湖酒店为核心的中心区。交通道路分工分区，互不干扰；但可通可控，管理方便。

外环道路地势平缓，道路顺直；内环道路利用老路基扩宽，依坡就势。

（2）以森林为主题的旅游产业策略

以外围土地空间分别构筑体验自然、保护自然、享受自然、康体运动四大旅游产业园。让认识自然的少儿、体验自然的青年直至颐享自然的老年人能各得所需，外围园区的旅游设施不设永久的固定建筑物，采用临时装置，利于更新，也少占建筑面积指标。

（3）重点保护特珍环境的策略

保护青龙湖、半岛、水坝、原始森林等一系列特珍环境，不增加新建筑，不增加人工设施，保护其原生态状。对于 300 眼水面尽可能保持原状，建筑远离水岸。保护环境，降低成本。青龙湖半岛上只建一座养生保健型酒店。沿青龙湖外围也减少开发强度，保证湖岸的自然景色。

（4）养老保健型酒店的策划

半岛上保健型酒店由保健酒店和养生公寓组成，配置医疗所、救护站和养生保健救助系统，医师、护士体系完整，酒店服务员是护理专业人员，成为医疗有保障、养生有指导的特色酒店，也是整个人居森林养生社区的支撑核心。

（5）宅居散落林海的策略

坚持宅居分散布置，森林环保宅居组团让每栋住宅均临近森林，让每栋住宅（别墅）享有比宅基更大的林下空间，在定量的宅基用地面积条件下可建设更多的住宅单元，并获取优质的空间品质。

（6）利用林场故事改造墓园的策略

林场有历史、有故事，这就是文化。有文化才有吸引力，以森林为主题的人居森林将利用墓园空间创造一个森林博物馆，半圆形前院有一座方形博物馆和半圆长廊展廊。后院是树阵纪念林园，林下为深埋的林业工人墓穴，让他们安眠在此，将故人纪念融入于森林知识的科普之中，化解了令人头疼的难题。

（7）建立完善的自然保护体系

护林、育林、环境监测、植物维护、保洁、防火及公共安全和市政保障体系，加上养生、保健、运动、健身及健康饮食、自然饮食的人身保护保障，构成了人与自然相融相依的大社区体系（图 8-28~图 8-35）。

图 8-28　人居森林概念规划鸟瞰图

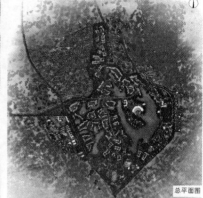

图 8-29　森林博物馆鸟瞰图（左上）

图 8-30　酒店鸟瞰图（左下）

图 8-31　人居森林概念规划总平面图（右）

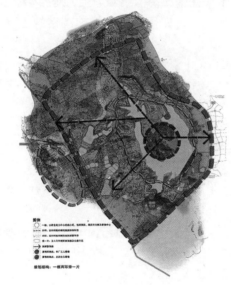

图 8-32　功能结构规划图（左）

图 8-33　道路交通规划图（右）

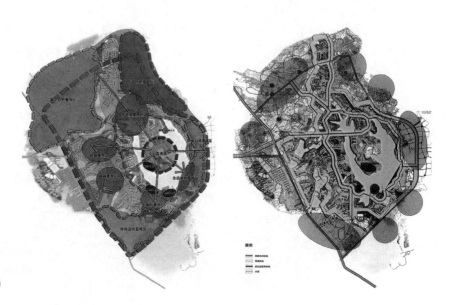

图 8-34　景观结构规划图（左）

图 8-35　绿地规划图（右）

8.7 柬埔寨通岛开发策划建议书 [①]

1）项目背景及建设目标

2006 年俄罗斯政府启动禁赌，博彩业投资商纷纷转型转场。2010 年，俄罗斯商人租下了柬埔寨通岛（Tang，Koh），租期 99 年，计划开发为国际旅游度假胜地——集休闲度假、博彩娱乐、探险体验、居住疗养为一体的国际旅游目的地。

开发商计划建立一座宏大的娱乐天堂，有各类高级酒店、别墅公寓、影视博彩、舞厅演艺、海上娱乐、购物餐饮，还有机场码头、能源中心、医疗服务、供水、保障设施，一应俱全，从而建成为一个完善的城镇、一个社会。

通岛位于柬埔寨西南向泰国湾上，距西哈努克港 43km；是一座形态丰富、姿色优美、四周无际、植被茂密的小岛，附近有一个更小的伴岛。

通岛 522hm^2（涨潮时为 496hm^2），呈双连海星状，有两山一岗四岭八湾；西岸陡峭崖壁，东岸宁静沙滩，中部热带雨林，东南自然湿地，岗岭茂密森林，有丰富的自然淡水、徐徐的海风、清澈的海水、百鸟的鸣叫、畅游的鱼贝，为旅游胜地提供了丰富的资源。

2）通岛概况

（1）岛形

·海岸线长而丰富，有非常好的岛形系数（海岸线总长与海岛面积之比）；

·形态丰富的岸形和多向海湾，满足各种不同功能空间的需要；

·南北长、东西窄、两端高、中部低的地形为全岛空间规划提供了丰富而便于联系的基础。

（2）气候

通岛属热带海洋性气候，年均气温 27℃。雨旱两季，雨水充沛，日照长，气温均衡，无台风袭击，无地震海啸，海风盛而不烈。

（3）淡水

淡水丰富，有 4 条淡水水系，具有存水蓄水的湖泊，分别位于北、东、南坡谷地。年降雨量 1500mm，雨季（5~10 月）几乎每日有阵雨，淡水从未枯竭。

（4）植被

植被茂盛，绿植覆盖率达 85%，其中森林占 7 成以上。树种多样，以阔叶林为主；相当多的树种为慢生材，珍贵且古老；灌木、草品也很丰富。山冈岭地属热带雨林。

---

① 前期建筑策划：曹亮功、舒世安、陈继跃、张煜。

（5）动物

无凶猛动物，有兔、狗、蛇、鸟、松鼠、昆虫，鸟类与昆虫品种丰富。

（6）海水

随海风海流自东向西缓缓流动，岛岸周边水深变化较大，西岸最深处达 22m，东岸是沙滩缓坡，沙质松软。海水干净清澈，无漂浮物，可见鱼贝游动。

（7）岛姿

四周望去，姿态多变，起伏舒展，形美色丽，尤其东南侧相伴的小岛作为对景，使通岛的日出朝霞、日落晚辉更加诱人。

通岛的美让规划者思考：开发会毁了它吗？99 年后还能这样诱人吗？实际上这是一个环境容量的问题，是开发与自然保护的权衡，是一个规划者要认真对待的首要问题。

3）通岛的环境容量

环境容量的本质是维护自然环境的自我调节、自我净化、自我复苏的能力，让人类的活动不至于干扰和损害自然界自我修复的体系，以维护大自然持续永久的欣欣向荣。这需要了解人类活动对自然资源的侵害程度，了解自然界自我修复能力的规律，用数据进行分析，而非仅有概念。

最基本的是人类活动对能源、淡水、氧气的获取，二氧化碳排放、废弃物、行为干扰、噪声、光亮、振动等一切都会影响大自然，其中最主要的是：

①植被体系的维护；

②淡水系统的维护；

③大自然综合环境的维护。

（1）氧

耗氧分析：成人每天吸入空气 1.1 万 L，其中耗氧 550L（折合785.95g）。

（吸入气中，氧气占 21%，二氧化碳占 0.03%，氮气占 79%；呼出空气中，氧气占 16%，二氧化碳占 4%，氮气占 79%。二者相比，氧耗量占总吸入量的 5%）。

健康人（70kg），休息状态与体力活动 8 小时者相比，氧的消耗量相差 4~6 倍，旅游度假者应处于二者之间。除人的呼吸外，动物呼吸、食品加工的燃烧、能源生产都会耗氧，为简化计算，将这些计入旅行者人均耗氧中，以人均 1200L（1714.8g）/d 计。

释氧分析：1hm^2 树林每昼夜释放氧气 350kg（245L），1hm^2 阔叶林每昼夜释放氧气 730kg（510L），1hm^2 草坪每昼夜释放氧气 60kg 左右（42L）。

本规划概念设定 60% 绿地率，其中 80% 为森林，即总用地 48% 为树林，相当于保留了自然植被中 56% 的最优质植被，半数以上为阔叶林

（草坪、灌木吸收能力不计）。

一昼夜产氧量：496hm^2×48%×（350kg/hm^2+730kg/hm^2）/2=128563.2kg。

依据产氧量能力计算出的人数容量：128563.2kg÷1714.8g/人=74973人。

（2）二氧化碳

二氧化碳排量分析是非常复杂的问题，因素很多。参考海南省发改委和低碳产业技术研究院的两个旅游区碳排放量测算报告的结果进行计算。

旅游者呼吸排出二氧化碳2356.2g/（人·d），其他二氧化碳排量1000g/（人·d），1hm^{2}树林每昼夜吸收二氧化碳460kg，1hm^{2}阔叶林每昼夜吸收二氧化碳1000kg（草坪、灌木吸收能力不计）。

一昼夜吸收二氧化碳总量：496hm^2×48%×（460kg/hm^2+1000kg/hm^2）/2=173798.4kg。

依据二氧化碳吸收能力计算出的人数容量：173798.4kg÷3356.2g/人=51784人。

（3）淡水

通岛年降水量1500mm，集中在5~10月间。

通岛4条有存水条件的水系，其汇水面积合计达314.4hm^2，6个湖泊面积合计77257m^2。淡水留存不足，需增加人工设施充分利用淡水。

淡水总资源为744万t（496hm^2×1500mm），采用人工留存设施后，排海30%，渗透30%，留存40%，可利用淡水为296.6万t/年（744万t×40%），平均每天供淡水8153.4t。

按100~120L/（人·d）用水标准，可容纳67945~81534人。

（4）其他环境影响因素及人类活动对大自然的综合影响

其他涉及环境容量的影响因素包括能源供应、废弃物排放等均可依靠输出输入行为加以解决和辅助解决，所以不会成为制约性因素，故不作为确定容量的限制条件。

人类活动对大自然的自我修复是有影响的，由于人类活动产生的噪声、亮光、振动、污染等使森林的释氧、吸收二氧化碳和生长能力的减弱是一定会的，但至今没有科学的研究成果，容量的计算无法精确，所以只能在规划中去考虑减小这方面的影响措施：

①认真分析研究通岛的自然生态状况，并依其自然植被生长状态分为生态敏感区Ⅰ、Ⅱ、Ⅲ类，将人类活动范围控制在Ⅲ类生态敏感区范围，努力减少对环境的影响；

②对岛形的高层顶端、岛形的突出端部完全保留原状，不建设、不作为、不扰动；

③尽可能保持原生林系统的完整性，不轻易切断和割裂它们，以维

护自然界的自身有机联系。

4）通岛开发强度及容量的确定

环境容量应当有层级之分，即可分为：

（1）**极限容量**：采用法规严格约束人的行为前提下，能够维护自然界自我修复的能力，并在必要时以人为方式辅助自然界的修复、调整、净化和复苏；

（2）**重负容量**：采用法规约束人的行为前提下，能够维护自然界依据其规律自我修复和调整，从而保持持续地运行；

（3）**适宜容量**：在人自觉尊重自然的意识中，自然界能维持持续运行的良好环境，为人类提供舒适享受的条件；

（4）**轻度容量**：在尊重自然的意识中，人们能尽情地享受自然，自然界又能依其规律维护着良好环境，具有适度发展的空间，依据人们生活质量的提高不断增加必要设施的可能性。

通岛的环境容量被确定在初期为轻度容量，未来发展后为适宜容量的水平。

根据分析研究，按环境承载能力，据产氧、吸收二氧化碳和淡水能力分别计算的人数容量为 7.5 万人、5.2 万人和 7.4 万人，确定环境承载能力为 5.2 万～6 万人规模，这一人数规模应属于通岛的极限容量。

适宜容量为极限容量的 50%，为 26000 人；轻度容量为适宜容量的 50%，定为 13000 人。根据这一容量概念，本规划确定当岛用地分配为 65 ： 35，即 65% 为生态保护绿地，人类活动空间（含酒店、住宅、公共设施、市政及后勤、交通及道路、军事用地）为 35%，计 173.6hm^2，人均 133.5m^2/ 人。

全岛 496hm^2（落潮时为 522hm^2），建成后远期岛内容纳人口为 26000 人（游客 23000 人，服务人口 3000 人）；近期岛内容纳人口 10380 人（游客 8200 人，服务人口 2180 人）。

5）规划概念要点

（1）遵循通岛环境容量研究成果，并落实在规划方案之中。

（2）以岛中脊部垄起的山岭岗地为纽带，将全岛突出的角矶连成一片，构筑原生态廊道，在原生态廊道的北、中、南端分别设置小型佛寺、天主教堂和大自然崇拜场所，与廊道中的热带雨林、阔叶森林、军事基地、陡壁峭崖等融于一体，组成大自然公园。

（3）岛的海岸线的湾内用地布置各功能用地，西海岸以港口、军事基地和后勤保障为主，北海湾以别墅、游艇居住区为主，东海岸以酒店和博彩娱乐业为主，南海湾以养生康体居住区为主。

（4）对外交通的机场、港口位于岛的西北部，岛内紧急事故、消防车、军事用车为汽车外，平时交通工具为电动车辆，设有车行和步行道路系统，依地势形成环形布局。

（5）全岛绿地覆盖率65%（容量计算时按60%计），森林覆盖占全岛面积的48%。

（6）按旅游度假目的地建设实际需要，规划了完善的服务保障设施。包含发电、通信、冷源等能源系统，垃圾处理、污水处理、环境监测等环境保障系统，水源管理、饮水净化、中水利用等水资源系统，消防监控、园区安保、灾害监管等安全保障系统等。

6）陆岸基地建设

通过通岛考察研究，本策划提出设立陆岸基地的建议，获得了开发商的赞同，在西哈努克港选择了约3hm²的用地，作为通岛的陆岸基地。

陆岸基地将设有港口、仓库、洗衣房、污水处理、垃圾转运站、维修工厂、服务人员培训及生活基地、中转游客通行码头及休息厅、餐饮等设施。

如果陆岸基地足够大，还可以设置酒店旅馆，接待日出上岛、日落归岸的游客。

陆岸基地建设对于海岛容量控制和发挥海岛接待潜力具有重要意义。

7）用地分析

用地分配见表8-4所列。

用地分配表　　　　　　　　　　　表8-4

	用地面积（hm²）	占比（%）	说明
总用地	496.00	100	涨潮时总用地面积
森林绿地	319.60	64.45	环境容量计算时按此数的75%计
军事用地	34.00	6.85	含1座军营和4个工事和雷达站
道路用地	13.40	2.70	全岛车行路15.3km，步行路14.2km
建设用地	129.00	26.00	
其中	酒店用地52.60	10.60	
	住宅用地45.00	9.07	
	公共设施用地5.90	1.20	
	市政设施、后勤服务用地23.40	4.71	含员工宿舍用地
	对外交通2.10	0.42	未含机场跑道用地

本项目图见图8-36~图8-44。

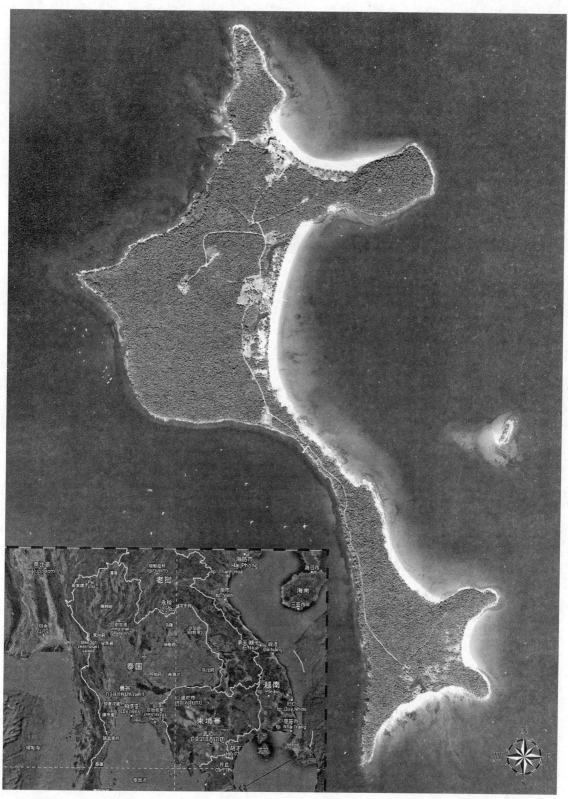

图 8-36 通岛开发区位图

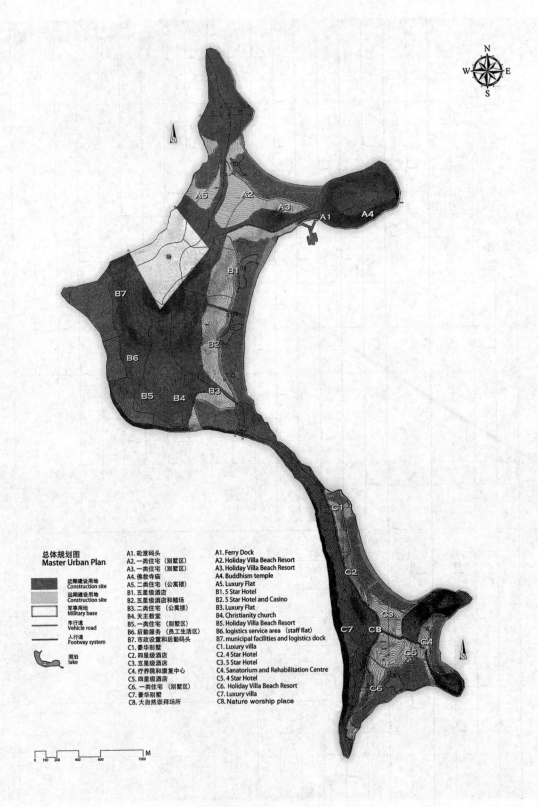

总体规划图
Master Urban Plan

近期建设用地
Construction site

远期建设用地
Construction site

军事用地
Military base

车行道
Vehicle road

人行道
Footway system

湖泊
lake

A1. 轮渡码头	A1. Ferry Dock
A2. 一类住宅（别墅区）	A2. Holiday Villa Beach Resort
A3. 一类住宅（别墅区）	A3. Holiday Villa Beach Resort
A4. 佛教寺庙	A4. Buddhism temple
A5. 二类住宅（公寓楼）	A5. Luxury Flat
B1. 五星级酒店	B1. 5 Star Hotel
B2. 五星级酒店和赌场	B2. 5 Star Hotel and Casino
B3. 二类住宅（公寓楼）	B3. Luxury Flat
B4. 天主教堂	B4. Christianity church
B5. 一类住宅（别墅区）	B5. Holiday Villa Beach Resort
B6. 后勤服务（员工生活区）	B6. logistics service area（staff flat）
B7. 市政设置和后勤码头	B7. municipal facilities and logistics dock
C1. 豪华别墅	C1. Luxury villa
C2. 四星级酒店	C2. 4 Star Hotel
C3. 五星级酒店	C3. 5 Star Hotel
C4. 疗养院和康复中心	C4. Sanatorium and Rehabilitation Centre
C5. 四星级酒店	C5. 4 Star Hotel
C6. 一类住宅（别墅区）	C6. Holiday Villa Beach Resort
C7. 豪华别墅	C7. Luxury villa
C8. 大自然崇拜场所	C8. Nature worship place

图 8-37　通岛开发总体规划图

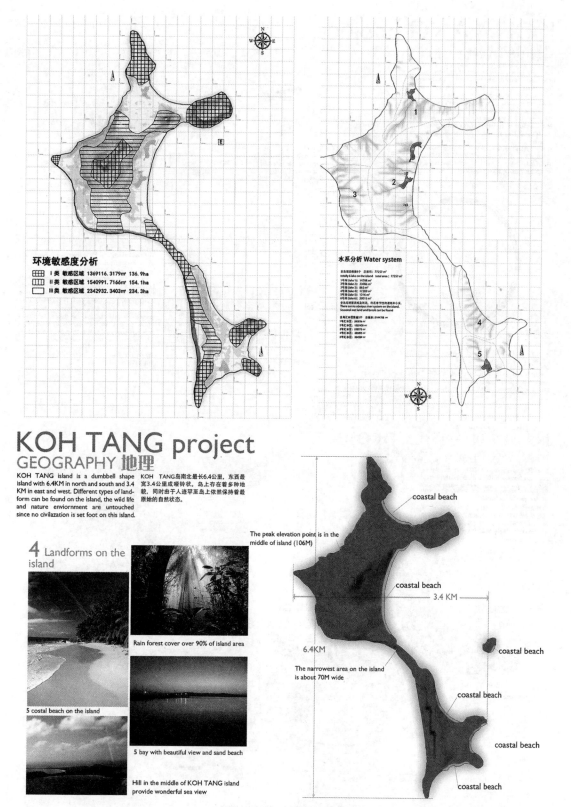

环境敏感度分析

Ⅰ类 敏感区域	1369116. 3179m² 136.9ha
Ⅱ类 敏感区域	1540991. 7166m² 154.1ha
Ⅲ类 敏感区域	2342932. 3403m² 234.3ha

水系分析 Water system

KOH TANG project
GEOGRAPHY 地理

KOH TANG island is a dumbbell shape island with 6.4KM in north and south and 3.4 KM in east and west. Different types of landform can be found on the island, the wild life and nature enviornment are untouched since no civilazation is set foot on this island.

KOH TANG岛南北最长6.4公里，东西最宽3.4公里成哑铃状。岛上存在着多种地貌，同时由于人迹罕至岛上依然保持着最原始的自然状态。

4 Landforms on the island

Rain forest cover over 90% of island area

5 costal beach on the island

5 bay with beautiful view and sand beach

Hill in the middle of KOH TANG island provide wonderful sea view

coastal beach

The peak elevation point is in the middle of island (106M)

coastal beach

3.4 KM

coastal beach

6.4KM

The narrowest area on the island is about 70M wide

coastal beach

coastal beach

coastal beach

图 8-38 通岛开发地理环境分析图

227

KOH TANG project
CLIMATE 氣候條件

As a tropical country, the climate is monsoonal and has marked wet and dry seasons of relatively equal length. Both temperature and humidity generally are high throughout the year. The dry season runs from November to April averaging temperatures from 27 to 40 degrees Celsius. The monsoon lasts from May to October with southwesterly winds ushering in the clouds that bring seventy five to eighty percent of the annual rainfall often in spectacular intense bursts for an hour at a time with fantastic lightning displays.

作为一个典型的热带国家，柬埔寨有着明显的相对等长的旱季和雨季。适度和温度全年都相对较高。旱季从11月到次年4月，雨季从5月到10月。80%的降雨集中在雨季。岛上的全面均温度在27到40摄氏度之间。

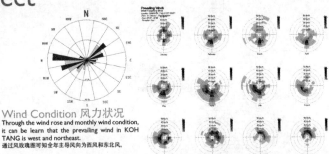

Wind Condition 风力状况
Through the wind rose and monthly wind condition, it can be learn that the prevailing wind in KOH TANG is west and northeast.
通过风玫瑰图可知全年主导风向为西风和东北风。

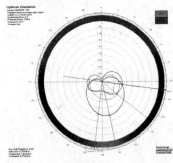

Solar radiation and best orientation
太阳辐射与最佳朝向
The daily solar radiation is quite high in KOH TANG island. Through ECOtect data the best orientation is south to west 7
KOH TANG 岛的平均太阳辐射较高，经过Ecotect计算岛上的最佳建筑朝向为南偏西7度。

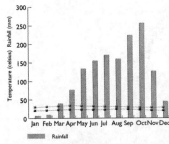

Rainfall and Temperature
降雨与温度
The total annual rainfall average is between 1,000 and 1,500 millimeters (39.4 and 59.1 in), and the heaviest amounts fall in the southeast. Rainfall from April to September in the Tonle Sap Basin-Mekong Lowlands area averages 1,300 to 1,500 millimeters (51.2 to 59.1 in) annually, but the amount varies considerably from year to year. The southern third of the country has a two-month dry season; the northern two-thirds, a four-month one. Short transitional periods, which are marked by some difference in humidity but by little change in temperature, intervene between the alternating seasons.
平均年降水量在1000mm至15000mm之间。岛上每年有3-4个月的旱季，降雨主要集中在5-9月之间。全年平均温度保持在25-31度之间。

KOH TANG project
MASTER PLAN 規劃總圖

Size of the construction is 600 hectares, including one 5star hotel with 10000m² casino, three 4star hotel and tow 3star hotel. several villa resort and flat holiday village. There are one Zoo and one oceanarium on the island.

全岛建设用地600公顷，包括一座带有10000平米赌场的五星级酒店，三座四星级酒店，两座三星级酒店，同时还包括若干别墅和公寓小区以及海边度假村。岛内还有动物园和海洋公园各一座。

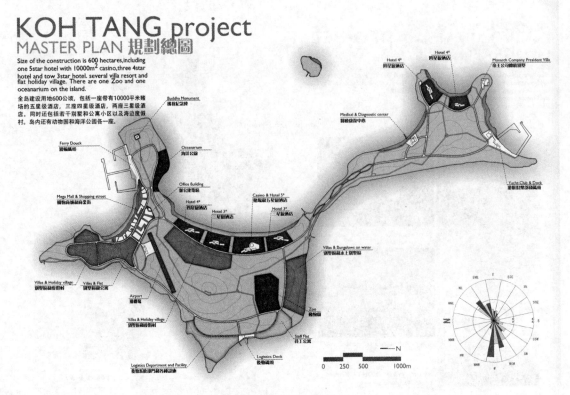

图 8-39　气候条件与规划总图

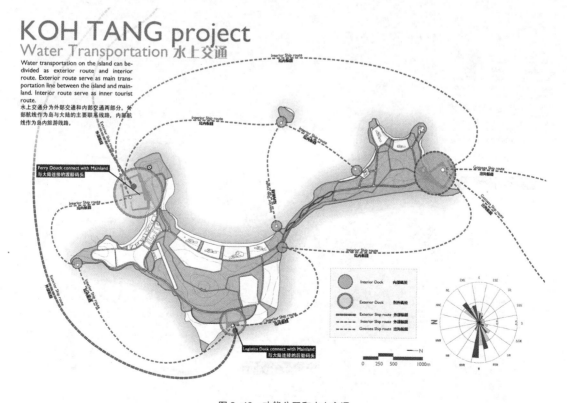

图 8-40 功能分区和水上交通

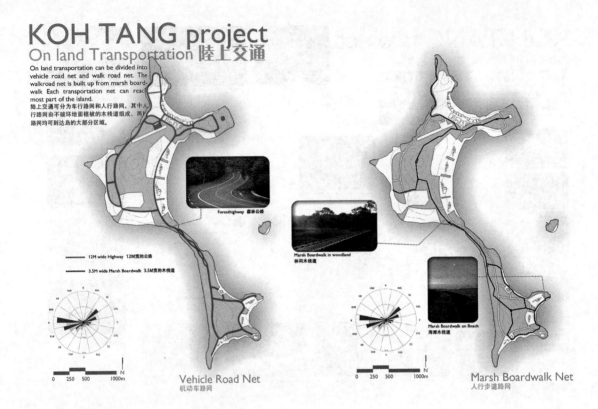

KOH TANG project
On land Transportation 陆上交通

On land transportation can be divided into vehicle road net and walk road net. The walkroad net is built up from marsh boardwalk. Each transportation net can reach most part of the island.

陆上交通可分为车行路网和人行路网。其中人行路网由不破坏地面植被的木栈道组成。两路网均可到达岛的大部分区域。

Foresthighway 森林公路

Marsh Boardwalk in woodland 林间木栈道

Marsh Boardwalk on Beach 海滩木栈道

── 12M wide Highway 12M宽的公路
── 3.5M wide Marsh Boardwalk 3.5M宽的木栈道

0 250 500   1000m N

Vehicle Road Net
机动车路网

0 250 500   1000m N

Marsh Boardwalk Net
人行步道路网

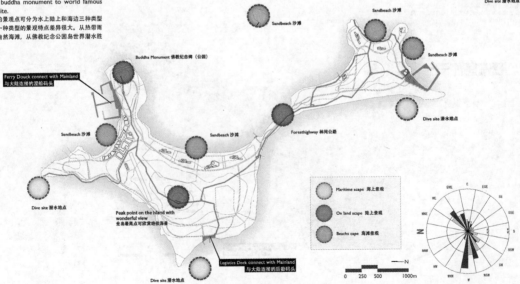

KOH TANG project
Landscape 景观

Landscape on KOH TANG island can be divided as maritime view, on land view and beach view. Different sight spot has diverse landscape, from rain forest to sand beach, from buddha monument to world famous dive site.

通岛的景观点可分为水上陆上和海边三种类型，每一种类型的景观特点差异很大。从热带雨林到自然海滩，从佛教纪念公园岛世界潜水胜地。

Dive site 潜水地点

Sandbeach 沙滩

Sandbeach 沙滩

Buddha Monument 佛教纪念碑（公园）

Sandbeach 沙滩

Ferry Douck connect with Mainland
与火炮连接的渡船码头

Dive site 潜水地点

Sandbeach 沙滩

Sandbeach 沙滩

Foresthighway 林间公路

Dive site 潜水地点

Peak point on the Island with wonderful view
全岛最高点可欣赏绝佳海景

Dive site 潜水地点

Maritime scape 海上景观
On land scape 陆上景观
Beachs cape 海滩景观

Logistics Dock connect with Mainland
与大炮连接的后勤码头

Dive site 潜水地点

0 250 500   1000m N

图 8-41　陆上交通与景观

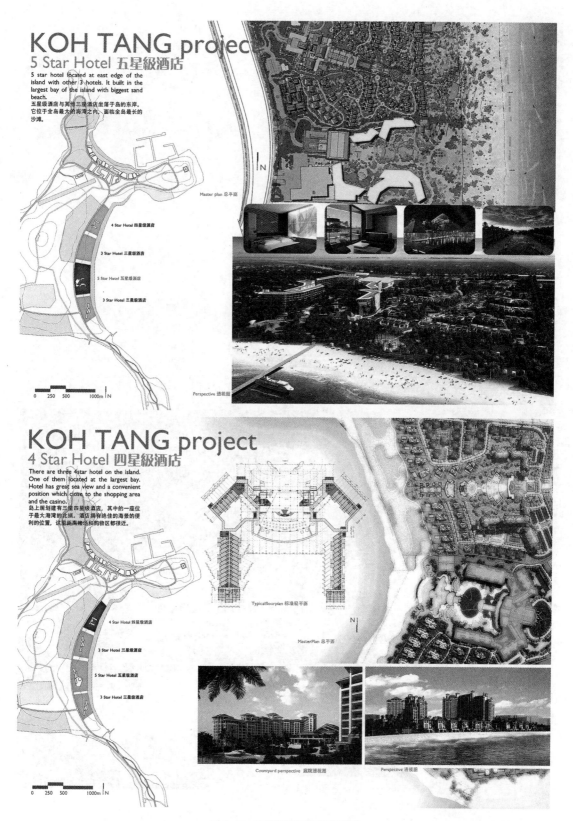

KOH TANG project

5 Star Hotel 五星级酒店

5 star hotel located at east edge of the island with other 3 hotels. It built in the largest bay of the island with biggest sand beach.

五星级酒店与其地三座酒店坐落于岛的东岸。它位于全岛最大的海湾之内，面临全岛最长的沙滩。

4 Star Hotel 四星级酒店

3 Star Hotel 三星级酒店

5 Star Hotel 五星级酒店

3 Star Hotel 三星级酒店

0   250   500   1000m N

Master plan 总平面

Perspective 透视图

KOH TANG project

4 Star Hotel 四星级酒店

There are three 4star hotel on the island. One of them located at the largest bay. Hotel has great sea view and a convenient position which close to the shopping area and the casino.

岛上规划建有三座四星级酒店，其中的一座位于最大海湾的北端。酒店拥有绝佳的海景的便利的位置，这里离离赌场和购物区都很近。

4 Star Hotel 四星级酒店

3 Star Hotel 三星级酒店

5 Star Hotel 五星级酒店

3 Star Hotel 三星级酒店

0   250   500   1000m N

Typicalfloorplan 标准层平面

MasterPlan 总平面

Countyard perspective 庭院透视图

Perspective 透视图

图 8-42　五星级酒店与四星级酒店

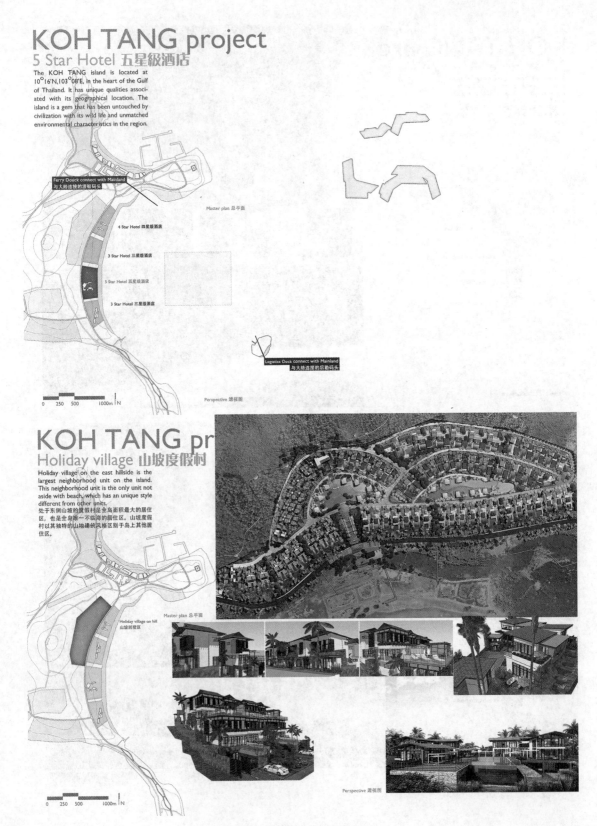

图 8-43　五星级酒店与山坡度假村

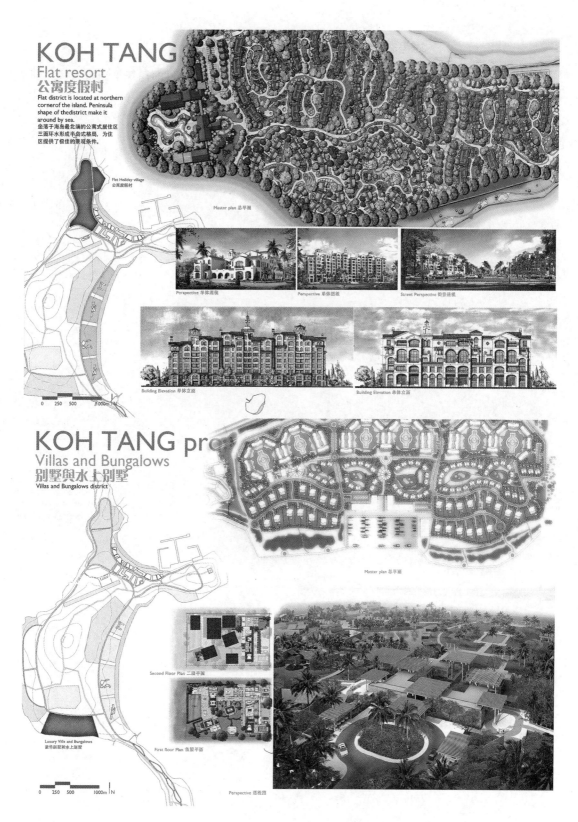

图8-44 公寓度假村、别墅与水上别墅

思考题

　　1. 一级土地开发的前期策划与建设项目的建筑策划有哪些共同点？又有哪些不同？

　　2. 从本章介绍的案例中，你的主要获益有哪些？

参考文献

[1] 赫胥黎 . 进化论与伦理论 [M]. 北京：科学出版社，1971.

[2] 华尔德·格罗比斯 . 新建筑与包豪斯 [M]. 张似赞译 . 北京：中国建筑工业出版社，1979.

[3] 王宏经，周慧珍，钱昆润 . 基建项目可行性研究 [M]. 北京：中国基本建设优化研究会《基建优化》编辑部，1982.

[4] 维特鲁威 . 建筑十书 [M]. 高履泰译 . 北京：中国建筑工业出版社，1986.

[5] 吴良镛 . 广义建筑学 [M]. 北京：清华大学出版社，1989.

[6] 蔡美德 . 预测与决策 [M]. 北京：科学技术文献出版社，1992.

[7] 唐玉恩，张皆正 . 旅馆建筑设计 [M]. 哈尔滨：黑龙江教育出版社，1993.

[8] 金浩南 . 中国城市不动产市场与价格 [M]. 哈尔滨：黑龙江教育出版社，1993.

[9] 刘保孚，欧阳松，张汉麟 . 策划实务全书 [M]. 北京：经济日报出版社，1995.

[10] 徐大图等 . 建筑师技术经济与管理读本 [M]. 北京：中国建筑工业出版社，1995.

[11] 让一欧仁·阿韦尔 . 居住于住房 [M]. 齐淑琴译 . 北京：商务印书馆，1996.

[12] 曹亮功 . 研究生课程讲义 [J] . 1997.

[13] 曼昆 . 经济学原理 [M]. 梁小民译 . 北京：生活·读书·新知三联书店，1999.

[14] 杨昌鸣，庄惟敏 . 建筑设计与经济 [M]. 北京：中国计划出版社，2003.

[15] (清) 高晋等纂 . 南巡盛典 . 清乾隆三十六年 (1771 年) 刻进呈本 .

[16] 庄惟敏 . 建筑策划导论 [M]. 北京：水利水电出版社，2001.

[17] 庄惟敏 . 建筑策划与设计 [M]. 北京：中国建筑工业出版社，2016.

[18] 邹广天 . 建筑计划学 [M]. 北京：中国建筑工业出版社，2010.

[19] 涂慧君 . 建筑策划学 [M]. 北京：中国建筑工业出版社，2017.

[20] 弗兰克·索尔兹伯里 . 建筑的策划 [M]. 冯萍译 . 北京：水利水电出版社，2005.

[21] 威廉·M·培尼亚，史蒂文·A·帕歇尔 . 建筑项目策划指导手册——问题探查 [M]. 王晓京译 . 北京：中国建筑工业出版社，2010.

[22] 罗伯特·G·赫什伯格 . 建筑策划与前期管理 [M]. 汪芳，李天骄译 . 北京：中国建筑工业出版社，2005.

[23] 伊迪丝·谢里 . 建筑策划——从理论到实践的设计指南 [M]. 黄慧文译 . 北京：中国建筑工业出版社，2006.

[24] 铃木成文等 . 建筑计划 [M].1975.

[25] 佐野畅纪等 . 建筑计划——设计计划的基础与应用，1991.

[26] 曹亮功 . 建筑策划 [M]. 北京：中国建筑工业出版社，2017.

后　记

　　这本教材用书的出版凝聚了许多人的关心和帮助，更是得到了很多人的支持和鼓励。

　　中国建筑工业出版社高延伟社长最先提出出版这本教材，并多次与我们交谈、予以指导；陈桦主任为此书的出版做了许多组织、编辑工作；建工出版社的杨琪编辑及其他同事也十分关心和支持此书的出版。

　　在此书编写之初，王建国院士代表建筑学专业教学指导委员会对此书的编写给予"全力支持"；哈尔滨工业大学邹广天教授、太原理工大学徐强老师结合自己开授《建筑策划》课程的体会对本书的编写提出了很好的建议；在本书编写过程中，彭一刚院士还打来电话，对我们不断探索建筑策划予以鼓励。

　　在编写此书的过程中，不断有开发业主朋友邀请我们做新的建筑策划项目，这些项目案例来不及列入本书，但当它们在新形势下遇到的新问题、新矛盾而促使我们有的新思考和思维都已纳入了本书之中。

　　衷心感谢在本书写作过程中给予指导、帮助的各界友人！

　　本书在《建筑策划》（曹亮功著，中国建筑工业出版社 2017 年出版）的基础上按教材需要编写而成。《建筑策划》这本专著是在曹亮功二十余年建筑策划实践基础上总结而成的，1988 年初其受命支援海南建省，经受市场经济洗礼，从 1989 年启动至 1991 年完成的民营企业琼民源府南综合开发区第一项建筑策划项目起，二十余年中近百个建筑策划项目的积累，促使对建筑策划研究的展开，并于 1996 年应北京工业大学的邀请在该校开设《建筑策划》研究生课程，《建筑策划》的出版是水到渠成的渐行结果。曹雨佳 2000 年回国后将英国的建筑策划运用于中国实践项目，并与曹亮功合作实践过若干项目，共同认识到建筑策划在中国未来发展中的作用，于 2009 年共同创建北京淡士伦建筑师事务所 /DSL 北京代表处。

　　2011 年北京淡士伦建筑师事务所邀请吴良镛院士、关肇邺院士、李道增院士前来指导工作时，三位院士对淡士伦事务所将"建筑策划"和"气候适应性建筑研究"作为两大重点研究方向十分肯定，并给予热情的鼓励和支持。三位前辈告诫我们，要结合中国国情、继承中华智慧展开建筑策划研究，多实践、多探索。

　　我国建筑策划的实践和研究自 20 世纪 80 年代末 90 年代初萌发至今已走过近三十年的路程，涌现出一批专著和探索者，其相互间的合作、鼓励呈现出非常有利的研究氛围。2000 年 08 月，庄惟敏教授看到中华建筑报上《我与建筑策划》一文后，即给曹亮功来信，并寄来他的专著

热烈欢迎 吴良镛院士、关肇邺院士、李道增院士 莅临指导，DSL淡士伦
Welcome Academician Wu Liangyong, Academician Guan Zhaoye, Academician Li Daozeng be present，DSL

《建筑策划导论》，曹亮功甚为感动；邹广天教授的《建筑计划学》2010
年出版当月即送予曹亮功，彰显共事的深情。庄惟敏教授主持中国建筑
学会建筑策划专业委员会的筹建，又特邀曹亮功任顾问、曹雨佳任副主
任委员，结合了全国建筑策划研究的同行，为这一研究和交流建立了平
台。2017年《建筑策划》一书出版时，庄惟敏教授亲临主持了首发研讨
会。这本《建筑策划原理及实务》的问世的确凝聚了许多同行专家的关
心、帮助和支持。《建筑策划》出版后，得到了马国馨、张锦秋、何镜堂、
孟建民、王建国、庄惟敏、布正伟、何玉如、黄星元等一批好友和同行
的支持和鼓励。在此书出版之时，我们由衷地感谢他们！

　　自2009年北京淡士伦建筑师事务所建立以来，我们开展建筑策划
实践和研究便更加投入也更加深入了，这本书选入的案例半数以上是淡
士伦建立后完成的，也曾有近十位研究生在淡士伦完成了他们研究生学
习的实践阶段，还有更多本科生在这里实习，感受建筑策划的乐趣，许
多建筑策划的成果也汇集了他们的智慧贡献。在本书出版的时候，我们
由衷地感谢淡士伦的全体同事，感谢从淡士伦走向世界和全国各地的同
仁，感谢在这里实习和学习的青年建筑学人。

　　特别要感谢我们的同事董婷婷，从《建筑策划》写作后期到本书筹划、
编写、出版的全过程，她付出了辛勤的劳动，她承担了本书的文字录入、
作图、校核、编排等繁杂的工作。她是本书的第一个读者，作者的思考
会询问她的反应，听取她的意见。她还帮助作者查寻相关的资料和讯息，
协助作者的思考和研究。她主动地将可能发生误解和歧义的地方标注出
来，让作者斟酌。她是本书著作过程中不可缺少的角色。

　　建筑策划不是一个纯学术课题，而是一个实践性很强的不断实践且
永无结语的研究课题。书中的任何概念、定义、论述都是时至今日的认识，
不是结论。关于建筑策划的众多论述不尽相同，说明了这一课题的实践性、
多样性和丰富性。不同认知产生不同的方法，不宜简单地用对错去衡量，
只能由市场的需求来判断，当认知、方法和成果与开发业主的需要相吻
合时，就会获得市场的认可。淡士伦建筑师事务所永远会贴近市场，将
建筑策划实践和研究作为自己的主要任务之一，并会为繁荣我国的建筑
策划事业而尽心尽力。